JN246728

新たな農業経営を拓いた7人のプロフェッショナル

アグリビジネス進化論

有限責任監査法人トーマツ・農林水産業ビジネス推進室

プレジデント社

CONTENTS

はじめに

本書は、日本を代表する農業法人を経営する7名の先駆者たちの取り組みを体系的にまとめることを目的としています。そこからは、7名に共通する農業ビジネスを成功させる要素と、各経営者が独自につくり上げた差別化されたビジネスモデルが見えてきました。

国の政策に頼らず稼ぐ農業ビジネスをつくり上げた取り組みには、日本の農業将来像を見出すことができます。

日本の農業政策は、関税や生産調整によって国内の農産物の価格を支えることで、生産者の所得確保を行ってきました。その結果、需給事情や実需者・消費者のニーズが生産者へ正しく伝わりにくくなり、生産者の経営感覚の醸成を妨げる一因になっていました。

農政改革が国の重要政策に

農業生産は、多様化する消費者や実需者のニーズに出荷量や価格等で十分に対応できず、その結果として実需者が原材料を海外から調達するようになっていると考えられます。農業物輸入額は6兆3000億円（2014年）にのぼり、1960年の10.2倍にもなっています。一方、国内農業産出額は1984年の11兆7000億円をピークにに減少の一途をたどり、近年は8兆円台で推移しています。

さらに、国内の人口減少の影響を受け、国内需要は縮小していく傾向にあります。

このような市場環境を前に担い手の世代交代が進まず、生産者数は急激に減少しています。日本の農業は競争力を失い産業としての成長の道筋を見出せずいました。こうした状況を踏まえ、政府は成長戦略のひとつに農業を掲げています。

先駆的農業法人の取り組みに学べ

農業の現場では何十年も前から、農業ビジネスで成功を果たしている経営体が多数生まれています。

本書で取り上げた７名は農業ビジネスの先駆者です。全員に共通する特徴は実需者や消費者のニーズにとことん応えることで、農業をビジネスとして成立させようと挑み続けたことにあります。自ら生産した農産物、製造した加工品の売価を自ら交渉して決めることを志向し、その過程で事業領域を、生産にとどまらず加工や販売にまで拡大させています。

こうした取り組みの結果が安定した販路の開拓につながっています。

販路が安定すると経営資源の充実が容易になり、経営規模拡大につながります。先駆者たちにとって６次化は経営の手段であって目的ではありません。

経営プランが十分に検討されないうちから６次化を考える農業者が多いなか、彼ら先駆者たちは産地・地域の特徴、品目の特徴、自社のケイパビリティを踏まえ、経営資源を調えつつ成長してきた様子がインタビューから明らかになっています。

本書では、こうした農業ビジネスのリーダーに共通する資質や特徴と、独自に追求したビジネスモデルを体系的にまとめることで、農業ビジネスの成功要因を明らかにすることを試みました。

そこからは、経営ビジョンの卓越、経営危機の克服、差別化されたビジネスモデルが見えてきました。先駆者たちに続こうとしている将来の農業の担い手に参考になる示唆を提供できれば幸甚です。

有限責任監査法人トーマツ　農林水産業ビジネス推進室　稲川敦之

日本の農業をとりまく趨勢

1. 高まる農業法人の存在感

農業業界において、❶農業経営体の法人数の増加、❷農業経営体の多様化（JA、異業種参入、農業法人など）、が大きなトレンドとなっています。

❶ 農業経営体の法人数の増加

農業経営体の組織化の取り組みが各地で推進されており、2005年から2014年にかけて2倍弱の1万5300社まで増加しています（図表1）。組織形態別にみると、株式会社等の会社の占める割合が高く、今後も個人経営・家族経営から組織経営へ移行する流れは続くものと考えられます。

一方で、3000万円未満の規模の経営体が大多数となっており、今後、いかに農業法人の大規模化が図られ、業界を牽引していくのかがポイントとなります。

❷ 農業経営体の多様化（JA、異業種参入、農業法人）

これまでのJAや個人農家以外にも、異業種からの参入やJAを飛び出して独立して事業を行う農業法人の出現など、農業の担い手が多様化しています。

図表1　組織形態別の法人経営体数の推移

2005年から2014年で法人数は2倍弱に増加し、組織形態別にみると株式会社等の会社の占める割合が高い。

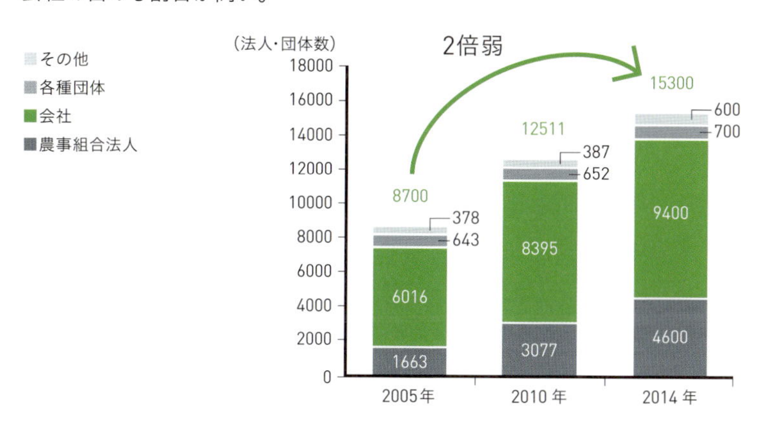

出所：農林水産省「農林業センサス」「農業構造動態調査」をもとにトーマツ作成
注：1）法人経営体は、農家以外の農業事業体のうち販売目的のものであり、1戸1法人は含まない。
2）平成26（2014）年は牧草地経営体を含む。
3）会社は「会社法」に基づく株式会社、合名・合資会社、合同会社および「保険業法」に基づく相互会社をいう。 平成17（2005）年は有限会社を含む。
4）各種団体はJA、農業共済組合、農業関係団体、森林組合等の団体。

3000万円以上の大規模な経営体はわずか数％

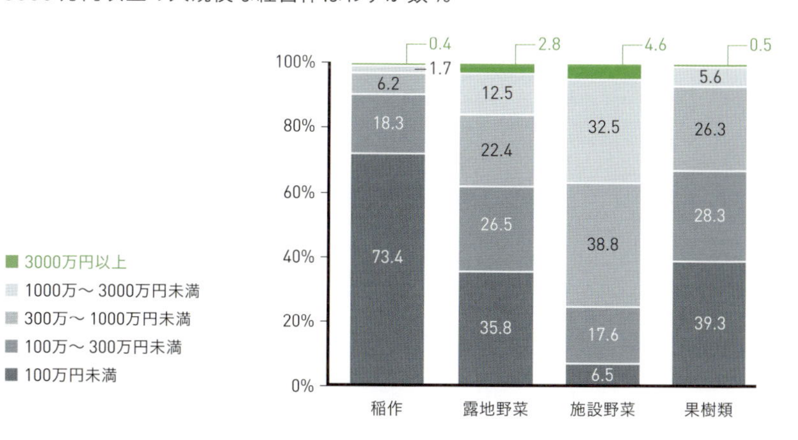

出所：農林水産省「農業構造動態調査」をもとにトーマツ作成
注：100万円未満は販売なしを含む。

2. 謎に包まれている農業法人の経営

昨今の農業ブームもあり、多くの農業関連の書籍があります。例えば、6次化や新規就農関連などの個別テーマや個社ごとの書籍はありますが、複数の農業法人の経営や成長戦略を取りあげた書籍は少ないように思えます。

実際、当法人にも企業、自治体、金融機関の方々から「農業法人の経営はどのような特徴があるのか？」「最近、大手の農業法人はどのような取り組みをしているのか？」などトップランナーの大規模農業法人についての問い合わせが増えています。

大規模農業法人はどのような経営をしているのか？
収益性が低いと言われている農業でどのように収益を上げているのか？
どのような発展の過程を経て、現在に至ったのか？
今後、どのような戦略で成長しようとしているのか？

本書は、農業法人の経営者の生の声をもとに、農業ビジネスをどう成長させてきて、そして今後の農業経営についてどう考えているのかをまとめています。さらに7社のビジネスの進化の過程を通して、昨今の農業ビジネスの新規性や多様性およびビジネスとして成立させるためのポイントを明らかにしています。

3. 本書の特徴

本書の特徴は、❶経営についての網羅性、❷ケーススタディアプローチ、❸対談形式、❹7社横比較での分析、の4つにあります。

❶ 経営についての網羅性

企業が収益を上げるためには、個別の要素だけではなく、複数の要素が有機的に構成され、ひとつの経営体として機能することが重要となります。生産がどれだけよいとしても販売する仕組みや商品を運ぶ物流、そもそものビジョンや戦略などとの整合性がなければ、事業としては成立しません。

このような点を踏まえて、本書では経営に関わる15項目を設定しました。それら15項目について質問事項を設定し、対談形式で経営者の生の声を抽出しています（図表2）。

❷ ケーススタディアプローチ

本書は農業法人を経営する7人の社長との対談をもとに構成しており、分析対象としているのはこの7社のみになります。そのため、統計処理などによる普遍性を担保することを意図しておらず、事例分析として7社から判断できることを記載しています。

そのため、一般にはこの7社の事例に当てはまらないケースが多々あることは付記しておきます。ただ、今後の農業経営を考えるうえでの示唆や検討材料としては有効だと考えています。

❸ 対談形式

対談形式により、経営者の生の声や思い・熱量も伝えることができると考えています。併せて対談をもとに弊社で図式化、各章にまとめを作成することにより、形式知化しています。

❹7社横比較での分析

各章で、個社の分析を記載し、終章でその7社の相違点や注目すべき点をまとめる構成になっています。

7社それぞれに拠点としているエリアやメインで取り扱う品目など

図表2 本書のビジネスフレームワークと対談の項目

Ⅰ 戦略

❶ ビジョン

- ビジョンは何でしょうか？
- また、ビジョンを設定する意義、効果は何でしょうか？

❷ ターニングポイント

- ビジネス上のターニングポイントは何でしたか？
- これまでの最大の危機は何で、それらをどのように克服しましたか？

❸ ビジネスモデル

- 現在のビジネスモデルの特徴と強みは何でしょうか？

❹ 成長戦略

- 将来目指していること、それらを実現するために必要なことは何でしょうか？

Ⅲ 管理／人・組織

- 農業経営を行う上で、重要と考えている指標は何でしょうか？
- 将来の目標値は何でしょうか？

⑫ 資金調達

- 資金の調達先や、付き合う金融機関の考え方は何でしょうか？
- 補助金についてはどのような考えでしょうか？

⑬ 法人格

- 法人格（株式会社など）の種類は会社のステージでどのように変わっていきますか？
- 法人格の選択のポイントは何でしょうか？

Ⅱ バリューチェーン

❺ バリューチェーンと商品

- バリューチェーンはどこまで手がけるべきでしょうか？
- 商品の選定基準やポートフォリオの考え方について教えてください

❻ 生産

- 生産の考え方や課題は何でしょうか？

❼ 販売

- 販路の考え方や選定基準は何でしょうか？

❾ パートナー

- 選定基準は何でしょうか？

❿ グローバル

- グローバル化、輸出の考え方、およびメリット・デメリットについて教えてください

❽ 物流／設備

- 物流・倉庫・集荷場の確保などは重要なテーマですが取り組みや考え方を教えてください

⓮ 人材

- 農業に必要な人材要件は何でしょうか？
- どのように人材を確保・育成していくのがよいのでしょうか？

⓯ IT／レギュレーション

- ICT、ロボットなどは農業にどのような影響を与えると考えていますか？
- 制度・規格・ルール（HACCP、GAP 、ISO 等）の重要性や取り組みについて教えてください

事業形態も異なります。そういった違いはあるとしても、ビジョンや成長戦略といった経営に関わる15項目で横断的に比較した場合に、共通項や比較した際の斬新さなどの新しい発見があるものと考えます。

4. 対象の農業法人

❶ 選定基準

企業形態としては農業法人、品目としてはコメ・野菜・果樹、そして規模としては売上10億円程度以上を対象にしています（図表3）。
※ここでいう売上規模はグループ、資本関係のある相手、ジョイントベンチャー先なども含めた数字であり、単体ではない。

❷ 対談の項目

対談項目は、特定のテーマのみにフォーカスするのではなく、経営に関する大きなテーマを網羅的に明らかにするために15項目を設定し、経営の全体像を明らかにします（図表2）。

❸ 対談の実施

本書は、2016年5～8月にかけて収録し、2016年8月～2017年2月にかけてプレジデントオンラインにて抜粋版を連載したものがベースとなっています。そのため、本書の内容はすべて収録時のものであることを付記しておきます。

5. 本書の活用法

本書の活用法としては、1章から順に各社長の対談部分と各章のまとめを読んでいただき、7社のまとめであるエピローグへ進んでいた

図表3　対象（品目、法人）の考え方

コメ・野菜・果樹の大規模農業法人（売上10億円程度）を対象に選定

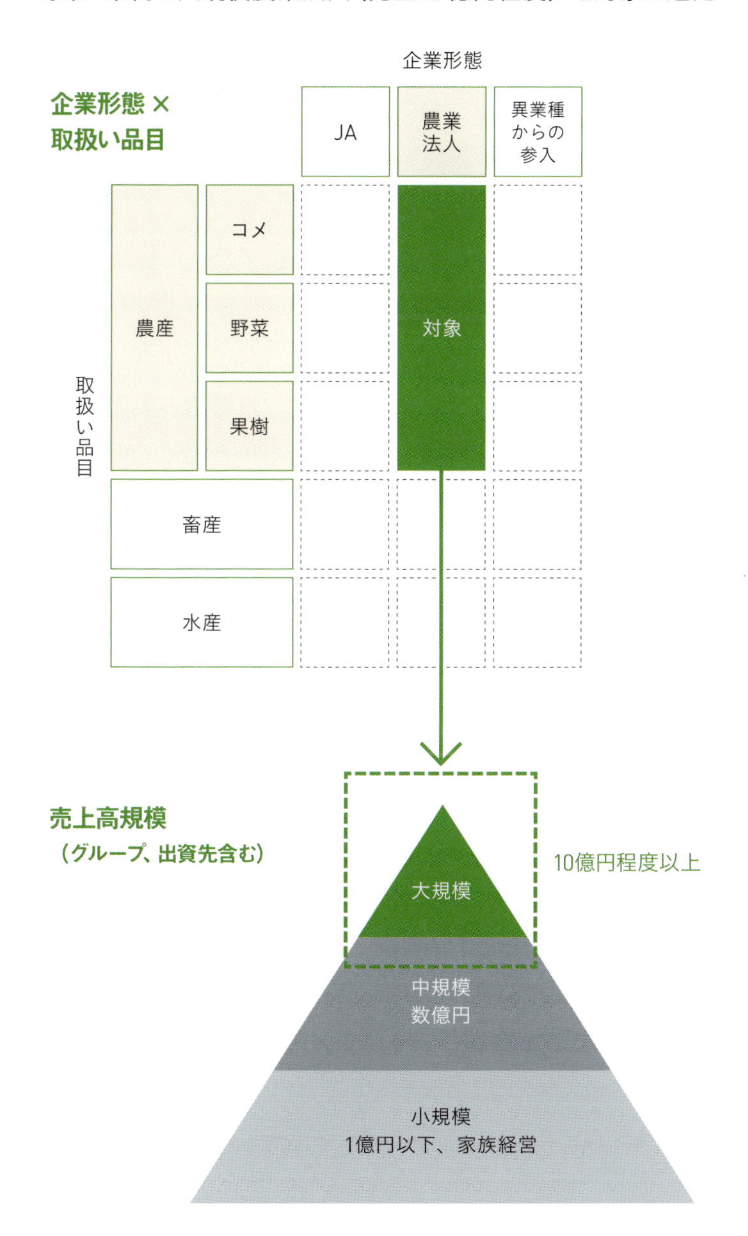

だく読み方を想定しています。

また、すでに農業法人を経営されている方には「他社がどのような経営をしているのか」という視点で示唆があると思います。

新規で農業に参入を検討されている方は大手の農業法人の戦略を知ることで、自社の参入プランを考えるうえでの材料になります。同時に、農業への単独参入は生産技術面などハードルが高いので、農業法人との協業での参入を検討する際にも有用と考えます。

食品メーカー、外食産業など農業者と事業で接する機会が多い業界の方は「ビジネスパートナーとなる農業法人はどのような考え・思いで、どのような経営をしているのか」を把握することができます。

自治体の方には農業法人の自県への誘致、自県の農業者と農業法人との連携を検討する際の基礎情報として活用いただくことや、地元の農業者への営農支援をうける際のヒントとしてお使いいただけます。

また、大学や農業ビジネスの学校において教材としても活用することが可能です。7社の事例集ですので、巻末の各社の基礎情報などと併せ、ゼミでのテキストやディスカッションのケースマテリアルとしても使用いただけると考えます。

最後に、各社の基礎情報と7社の主な出来事を時系列で整理した年表も付けておりますので、各法人がどのような成長を遂げてきたのかを時系列で確認することができます。

なお、本書の意見にわたる部分については、執筆者の私見であることをあらかじめ申し添えておきます。

Chapter-1

モスも認めた「メーカー」スタイルのレタスづくり

株式会社鈴生 ●静岡県静岡市

静岡市に本拠を置く株式会社鈴生は、味と品質に厳しいことで知られるモスバーガーに大量のレタスを供給している。シャキシャキして瑞々しい鈴生のレタスは、冬場の農閑期にも安定供給されている。天候リスクに耐え、農地を確保して農業者の育成に心血を注ぐ同社の鈴木貴博社長。ふり返れば、家業のお茶・ミカンづくりから野菜の契約栽培に切り替え、鈴木社長が跡を継いだ直後は失敗の連続だった。どん底からどう這い上がったのか。話は、そこから始まる。

始めたら、失敗の連続

―― 大学を卒業後に契約栽培農家を継いで、何が一番、難しかったですか。

お茶やミカンは実ったものを採るイメージでしたが、野菜は種をまいて、苗が出て、それを植える。命を育てる姿を見て、こういう農業もあるんだ、と。それで農業経営のストーリーができあがりました。山梨県の農業法人で2年間、研修させてもらい、ヨシッと静岡に戻って野菜づくりを始めたら、大失敗の連続です。いい野菜をつくりたい、というつくり手の欲望ばかりで野菜に向き合っていたから、野菜が育たない。野菜づくりの先生に、「作物は自分で育つ。農家は成長の手助けをすればいいんだ」と言われてハッとしました。

まずは野菜がどう育つかを見て、その手助けをすること。子どもを育てるのと同じことをすること。それをやり続けた結果、ふつうに作物がつくれて、お金をいただいて生活できるようになりました。その先生に再会した際、「この前の台風のときに苗が心配で、ハウスに泊まり込みました」と報告したら、「ハウスで寝たろう。本当に苗を見ちゃいない。まだまだだ」と言われましたがね。

鈴木貴博（すずき・よしひろ）●株式会社鈴生社長。1976年、静岡県生まれ。九州東海大学工学部を卒業後、山梨の生産法人にて約2年間、農業研修を経験する。その後両親から鈴木農園を継ぐ。2008年に株式会社鈴生を設立。レタスの作付面積拡大に積極的に取り組んでいる。
　鈴生　http://oretachinohatake.com/

株式会社鈴生（すずなり）●2008年、静岡県静岡市にて設立。売上高は6億3900万円（2016年8月期単体）、従業員数はグループ全体で49人。静岡県下でのレタスの生産を主力事業とし、ほかにも枝豆の栽培を手がける。ファストフード大手のモスフードサービスとは、合弁の株式会社モスファームすずなり（静岡県磐田市）を設立。遠州灘に面した温暖な気候を生かし、とくに厳冬期に安定した品質のレタスをモスバーガー店舗へ供給するなど緊密な協業に取り組んでいる。

―― 会社を経営するためのビジョン、理念についてはどう考えていますか。

　ビジョンや理念は、会社が間違った方向にいかないようにするためのストーリーだと思っています。戦略、戦術はいろいろあっていいけれど、理念は曲げてはいけない。農家なら息子に代を譲ればいいでしょうが、企業的な農業経営では、社長が代わるかもしれない。他人が入ってくるかもしれない。そのなかで真っすぐに会社を進ませるには理念が必要です。

　私は、失敗の教訓をすべて「おいしさを求めて」という社訓に込めました。私が感じる「おいしい野菜」の前提は、つくり手が一切手を抜かずに、一生懸命につくること。お客さまが口にしたときに、野菜に真剣に向き合うつくり手の顔が浮かんでくるのがおいしい野菜かなと思っています。これから会社としてどんな挑戦をしていくにしても、これだけは理念として持ち続けたい。

一方で、「レタス日本一」という目標を掲げていますが、これは変えても大丈夫。次の社長が、「枝豆日本一」に変えてもいいんです。いつまでも同じ目標に固執していると、会社が終わってしまうかもしれない。ただ、くり返しますが、経営方針は変わっても、「おいしさを求めて」だけは変えてほしくありません。

3年連続の大洪水

―― 今まで紆余曲折あったと思いますが、ターニングポイントとなった出来事は何ですか。

3年連続で台風、大雨にやられたことがありました。天災とはいえ、野菜を助けられなければ人災です。そう腹をくくって、畑にポンプを持ち込んで水を汲み出し、できることはすべてやりました。3年連続の天災は鈴生にとって最大の危機でしたが、「レタスを助けたい」という気持ちを社員全員が共有し、一丸となって乗り越えることができた。はじめて社員全員の思いがひとつになったという点で、ターニングポイントだったと思います。その翌年、販売しながら農業を営む株式会社鈴生を設立し、生産部門の個人農園（鈴木農園）と分けて組織化しました。

―― そのタイミングで株式会社に変えたのはなぜですか。

危機を一緒に乗り越えた社員のひとりが、独立して新規就農したいと言い出したことがきっかけです。彼は自分でつくった野菜を鈴木農園に納品したいと言ってくれました。私も自分の技術を全部伝えて、応援したいと思いました。けれども、当時は契約出荷を前提とした個人農園でしたから、生産だけで手一杯。それでもうちに出したいと言うので、農業法人格を持ちながら、出荷調整を目的とする販売会社を立ち上げたのです。鈴生のマニュアルどおりにつくられた野菜をすべて買い取り、鈴生の野菜として出荷する。農業のフランチャイズ化を目指したいということで動き出しました。

―― 農業経営においては、皆さん法人格を使い分けていらっしゃいます。これから法人化を考えている農家には、どんなアドバイスを送りますか。

株式会社にする意義を考えると、他人から集めた資本を使って、設備投資を行い、大きな商売ができることです。いろんな資本を入れて農業に取り組めば、農業が身軽になり、新しい農業の形が広がる可能性があると思います。

ただし、自分のお金でスタートするなら、法人化しても大きなメリットは生まれずデメリットも多いので、しっかり考えて法人化を目指してほしいです。社会的な評価や社員らの福利厚生環境を整えること以外は、個人でやるのと大きく変わらない気がします。しっかりと経営理念を持って農業経営をしていくのが一番だと思います。

コメの裏作で農地不足対策

――「おいしさを求めて」という会社の目指すところに対して、経営上の課題は何だと考えますか。

農地の確保に尽きます。耕作放棄地の解消を兼ねて規模拡大を進めていますが、なにしろ耕作放棄地なので、質のいい農地にするには時間がかかります。それでも会社として利益を出し続けなければならないのが課題です。

最近、耕作放棄地以外に取り組んでいるのが、水田の活用です。静岡は冬に水稲が終わった後作（裏作）でレタス栽培ができるので、水田の大規模経営の方と協力して田んぼを1年間フル活用しています。私たちが有機主体の肥料栽培でレタスをつくると、表作のコメ栽培では肥料をほとんどまかなくて済んだり、冬季の畔草管理や水路掃除、冬季の耕運などの作業負担がなくなったりします。水稲農家にもメリットのある形で田んぼの年間フル活用ができれば、「鈴生に農地を貸したい」と考える水稲農家も増えてくれます。新しい農地活用方法だと思います。

数字ではなく、野菜をつくっている

――鈴生のビジネスモデルの強みはどこだと認識していますか。

一番自慢できるのは、「いい人がいる会社です」ということ。いい野菜をつくるには、いい土壌が必要です。いい土は、いい人間でなければできません。だから、私たちの農業は人づくりが原点です。

鈴生の社員は、どこに出しても恥ずかしくない人材ばかりです。どこかの会社とジョイントベンチャーを組むときも、「任せてください」と言えるのは、当社から人材を2人送れば、先方の会社もよくなるからです。そこが一番自慢できる強みです。

――鈴木社長が考える「いい人」とは、どんな人ですか。

純粋な人、心が清い人でしょうか。野菜が育つ手助けをするために、野菜の声に耳を傾けられる人。野菜や人と向き合う気持ちというのは、簡単に教えられるものではありません。

――そういった「人」の強みを生かした会社の成長戦略を考えたとき

現在はレタスと枝豆を生産し、2次領域と種苗のビジネスを検討している

生産品目×事業領域（ヒアリング時点）

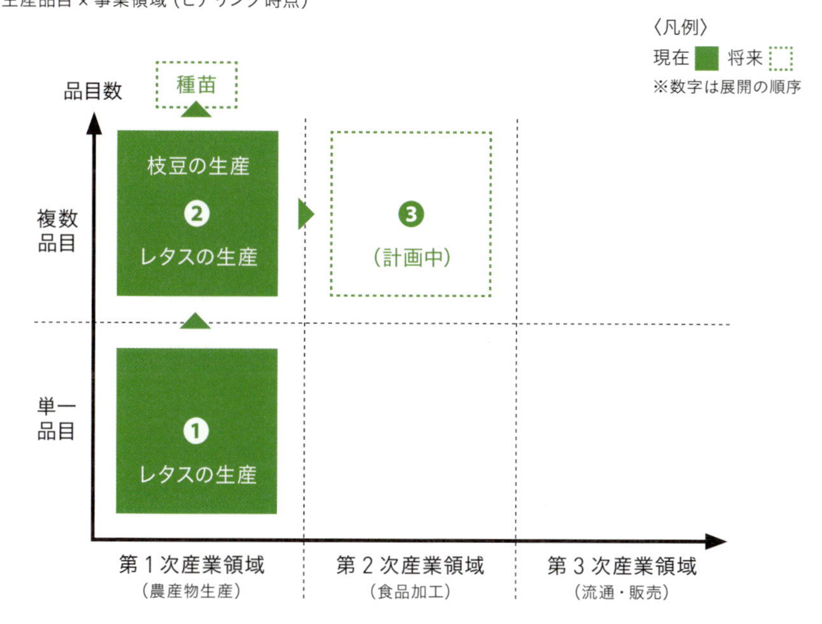

出所：対談をもとにトーマツ作成

に、鈴生が目指すゴールをどこに設定していますか。

農業を始めたときは、売上1億円を目標に立てました。でも、社長である私の夢や思いだけを通そうとしても、会社はうまくいかないんです。それよりも、社員がやりたいことを手助けしたときに大成します。これは野菜づくりと同じです。

今は「100人の社長をつくる」が目標です。それくらいのつもりで人を育て、最終的に鈴生全体の売上アップにつながればいいと思っています。

――仮に将来300億円、500億円を目指そうとするなら、何をすればブレークスルーが生まれて成長できるでしょうか。

種苗から関わり、野菜を育て、加工して消費者に届けるまでのストーリーを一気通貫させることです。いい野菜をつくれるかどうかは、品種、すなわち種にかかっています。したがって上流の種苗を握ることは大切。そして、出口がスーパーなのかレストランなのかはわかりませんが、消費者の食卓に関わるところまで経営することです。それを国内だけでなく、世界でフランチャイズ化したら、たぶん1000億円という夢も見えてくるでしょう。

――自社の成長に向けての具体的な目標値、KPIをどうとらえていますか。

2016年、鈴生は売上7億円を目指すと決めました。とはいえ、社員に対して「7億円を目指そう」とかけ声をかけても、絶対に伝わりません。会社が売上7億円を達成するために、現場レベルでは何ができるのか。一人ひとりの目標数値に落とし込んで伝えています。

たとえば、焼津、菊川、磐田の3拠点に出荷場がありますが、各出荷場のリーダーに割り当てられた目標生産高は各出荷場社員数×700万円。これが彼らに与えた唯一の数字です。700万円を達成するなら、野菜の作付面積は問いません。作付面積を小さくして、1反（約10アール）あたりの収穫量を上げてもいい。目標達成のための戦略や戦術はリーダーに任せています。

ただし、売上や利益を優先すると、野菜づくりはうまくいかないんです。私たちがつくるのは野菜であって、数字じゃない。このことはつねに念頭に置くようにしています。

台風被害などのトラブルを乗り越え、消費する顧客のニーズに合ったレタスづくりを行えるのが鈴生の強みだ。

理念を共有して分業する

―― 種苗から関わるという話も出ましたが、事業領域をどこまで広げるのがいいのでしょうか。1次産業である農業に2次産業、3次産業を加える「6次化」も盛んに議論されていますが、どうお考えですか。

餅は餅屋、安易に6次化には手を出すな、と言っています。あれもこれもと手を広げると、何が本業かわからなくなります。どこで利益を求めるのかも曖昧になる。むしろ、農業は分業のほうが利益につながるというのが私の考え。海外では、たとえばファーマー3人で100億円を売り上げるような会社は、農薬散布は農薬会社、収穫は収穫会社に外注しています。鈴生でも2年前から分業化を進めていて、農薬の散布は、農薬の散布機を散布会社に貸して委託しています。

ただし、分業が進むと、理念の共有が難しくなるのも事実。自分たちがつくったレタスを、理想の状態で加工・販売するには、あらゆる工程での理念の共有が不可欠です。最近は、鈴生の社員を分業先に出向させてでも理念を浸透させたいと思っています。

―― 事業領域の話とも関連しますが、海外への輸出についてはどう考えますか。

6次化について補足すると、6次化のために作物をつくるのなら大賛成です。たとえばジャムをつくるという目的があって、そのジャムに合った品種を栽培すれば、売れるジャムがつくれると思います。でも、作物が余るからという理由での6次化はナンセンスです。

輸出も同じです。海外マーケットに狙いを定めて、海外の人に食べてもらうための作物をつくるなら、売れるでしょう。たとえば、海外の長粒種のコメ市場に向けて、日本で長粒種をつくって「日本人がつくった長粒種だ」と輸出する。それなら日本ブランドを生かす意味で非常にわかりやすい。訴求力もあります。しかし、日本の市場が縮小して売れなくなっているから海外に出そう、というのは話が違います。それでは利益が出ないと思います。

個人的には、日本の農業のインフラごと海外に輸出して、日本の農業のパイを大きくするのがいいと思っています。日本のこだわったおいしい野菜をつくる農業技術は世界でもずば抜けて優れています。技術とノウハウ、機械、工場が揃ってはじめて、「日本の野菜」ができる。そういう考え方で、システムごと海外に持っていくのです。

たとえば鈴生にも、「海外で枝豆をつくってほしい」という話が数多く寄せられます。しかし、「技術だけ教えてほしい」という相談は一切受け付けていません。鈴生が海外に進出して、日本の農業技術とインフラを使って枝豆をつくるのなら、ぜひ引き受けたい。日本の農業の

推進している分業化の概念

6次化への進出よりも、会社を超えた作業ごとの分業化が成長のカギと見ている。課題となる理念の共有については、社員を出向させてでも浸透させたいという。

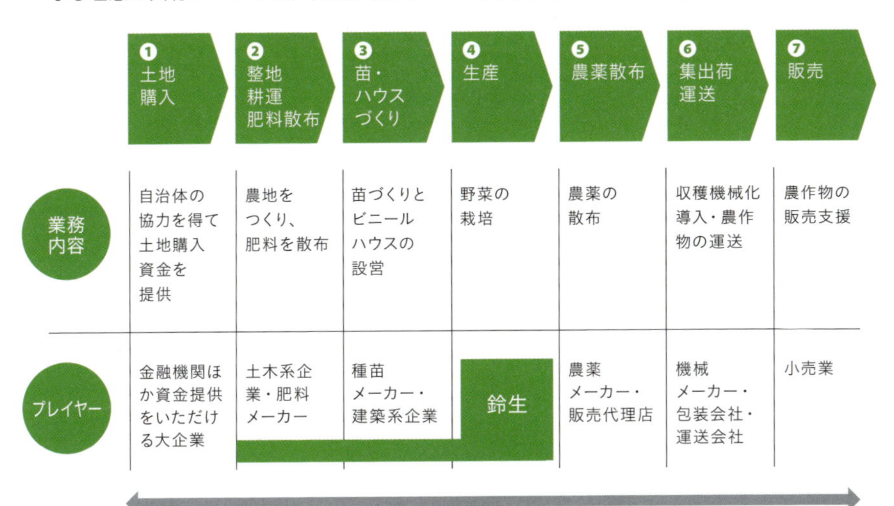

理念の共有を担うのが鈴生

出所：対談をもとにトーマツ作成

輸出につながる形でのグローバル化を進めていけたらと思います。

―― パートナー企業との連携も積極的に進められています。モスフードサービスと共同で、モスバーガー店舗向けのレタスを生産する「モスファームすずなり」を設立しました。パートナーを選定する基準は何ですか。

「おいしさを求めて」という理念の共有ができることです。農業を金儲けやCSRのために使われたくないんです。一緒に農業をやる以上、最高の商品をつくってお客さまに喜んでもらいたい。そういう思いを共有できる方と組みたいですね。

モスファームすずなりが動き出して2期目、決算上は3期目ですが、配当金を出せるほどに経営は好転しています。非常にいいですね。バランスシートを見ても自己資本比率が高い。本体の鈴生より、よほどいい会社になってきました。

農家はメーカーです

―― 品目や商品の選定についてうかがいます。多くの生産者は、転作を含めて悩んでおられますが、以前のミカン・お茶からレタス・枝豆へ品目を転換した理由は何ですか。

レタスは、貯蔵がきかないので輸入が限りなく少ない。つまり、輸入自由化のダメージが小さい作物だということです。加えて、誰のためにつくるか、という問題もあります。私はレタスを外食産業向けにつくっています。ターゲットが定まっていれば、非常に価値の高いものが生まれます。褐変が少なく、肉厚なレタスをつくってほしいと言われれば、それに特化したレタスをつくります。自分がつくりたいものをつくるのではなく、お客さまが求めているものをつくる。これも商品選定の大きなポイントになると思います。

―― 仮にマーケットから白くて太いねぎをつくってほしいと言われて、売値が合えばつくりますか。将来的にレタスがマーケットのニーズに合わなくなれば、変えますか。

はい。変えますね。農家はメーカーです。自分がつくりたいものをつくっているうちはメーカーではありません。受注生産してはじめて、メーカーと言えます。

メーカーである以上、自分たちの商品に自信を持たなくてはなりません。もちろんメーカー希望小売価格で出しています。「これでなければ採算が合わない」とか、「一度に200ケース買ってくれるなら、少し安くしてもいい」などと交渉することもあります。それがこれからの農家のあり方になっていくのではないでしょうか。

メーカーとしての（受注生産型）農家のビジネスプロセス

一般的には、生産した後で誰に何を販売するか考えるが、「メーカースタイルの農家」の場合は納品先のニーズの把握をしたうえで生産する。自分たちが生産したいものだけを生産しているうちは「メーカー」ではない。

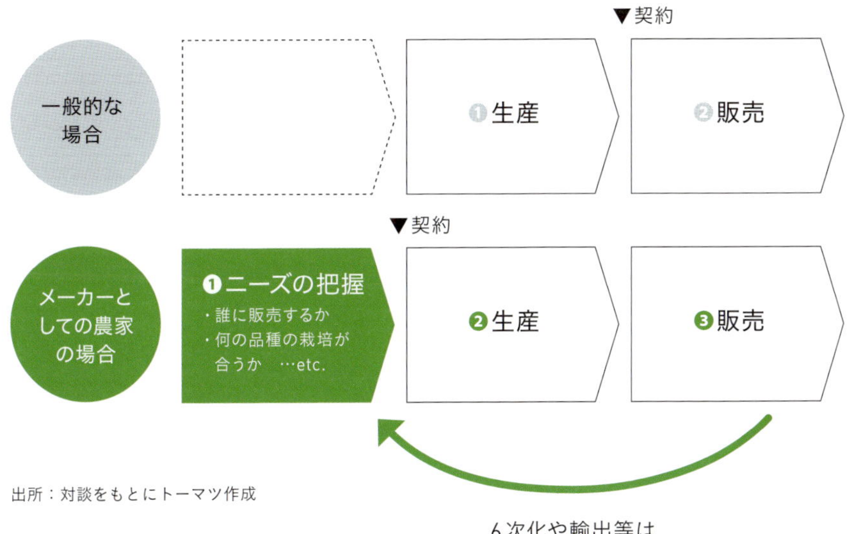

出所：対談をもとにトーマツ作成

6次化や輸出等は
生産前から品目を決めて契約する

――では、生産上の課題は何でしょうか。

品種を種苗メーカーに握られていることが、農家にとって最大のリスクです。どの品種を栽培するかは、農家にとって命綱のようなもの。作物は種がなければつくれません。農家はその種をずっと種苗メーカーから買い続けなければならないのです。もし、その品種に倍の値段がついても、倍のお金を払って買わなきゃいけない。これは世界中の生産者にとっての課題です。

私は自社のブランド種子をつくりたい。お客さまのほしい商品を、種からつくり上げたいのです。

思いの共有が最重要

―― では、販路の選定基準については、どのように考えていますか。

くり返しになりますが、理念の共有が大前提です。私たちはお客さまに、作物をとおして「思い」を届けています。その「思い」が伝わらない相手とはお付き合いできません。たとえて言うなら、私たちは“嫁入り前の娘”をお客さまに届けているようなもの。理念を共有できず、連携が取れない相手と組むと、流通の過程で無造作に扱われて、大事な野菜を傷めたりすることもある。それを食べたお客さまに「鈴生の野菜はおいしくない」と思われたら、私たちが努力してつくってきたブランド価値が台無しです。

―― 提携先と理念を共有するために取り組んでいることはありますか。

鈴生のレタスを提供する外食産業のオーナーに畑に来てもらって、私たちのレタスづくりを実際に見てもらったり、私たちが店舗に出向いて、レタスのおいしい提供の仕方を店員の方に研修したり提案したりしています。あと、提携先とは意見交換等、腹を割って話したく、昼間の会議や視察が終わると積極的に飲みニケーションします。仕事だけではなく人生の友として理念を共有するため、私にとって大事な場になっています。

―― 実務レベルで、こういう販路とは付き合いやすい、という基準はありますか。

今はどの作物も物流が課題です。私たちは、野菜を新鮮な状態でお客さまに届けるために、できれば物流も自社内で完結させたいと考えています。提携交渉に際して、たとえば納品は週2便や週3便に集約していいとか、毎日納めるならロットを増やそうとか、こちらの物流コストまで考慮して交渉に応じてくれる相手とは組みやすい。反対に、この日の納品でなければダメ、という相手とは長くは続かないでしょうね。

―― 物流が課題ということですが。

そうです。静岡県は他県に比べて物流コストが高い。需給が逼迫してトラックが押さえられないんです。そのため物流も内製化したいと考えていて、物流会社を持ちたいです。

天災への保険がほしい

―― 資金調達についてですが、銀行借入やファンドからの出資などいろいろな方法がありますが、資金調達先はどのように選んでいますか。

また理念の話に戻りますが、資金調達先が金融機関であろうと、ファンドであろうと、理念が一緒であることが大事です。気持ちが共有できないなら、お金は調達しないほうがいいと思います。経営がブレてしまいます。

また、できれば経営に口出しされるのも避けたい。先ほども触れましたが、農業とは作物の成長を手助けするのが仕事です。お金の勘定に意識が向いてしまうと、作物の育ちが悪くなってしまいます。そう考えると、農家が経営の自主性を維持できるよう、議決権の比率を持てる形で出資をお願いできるのが望ましいですね。

―― 議決権ベースでは過半の51%を生産者側が持ったほうがいいということですか。

それは最低条件です。理想を言えば、従来のように70%ほどは生産者側が持てるといい。でも、法改正でパートナー側49%、生産法人側51%に変わりました。お金は出すけど口は出さないという企業はそれほど多くないでしょう。経営の自主性を維持するのは難しくなっているのかもしれません。

―― 農業界は他の産業に比べると補助金が手厚いですね。補助金の活用例や、農業法人としてこんな補助金があったらいいという考えがあればお聞かせください。

私たちも、予定する事業に合致するような補助金があれば、活用しています。たとえば今回、加工業務用野菜の生産者に対する補助金が出たのですが、私たちのような加工野菜を栽培する農家には大変有用だと思います。

施設整備のための補助金は使ったことがありません。施設は全部、自費で建てています。というのも、施設の補助金は採択されるまでに1年、2年かかるんです。出荷は待ってくれないので、先に建ててしまいます。もし、事後申請でも認められる補助金があれば申請したいですね。

あったらいいと思う補助金としては、天候災害リスクに対する補助金というか、積立式の保険でもいいので、大きなリスクを軽減してくれるような仕組みがあるとありがたいですね。

―― コメには共済のような形がありますが、生鮮野菜にはないですね。

そうなんです。昨年の台風で、私たちの農地は川が氾濫して水没しました。静岡では毎年浸水するので騒ぎにならないのですが、非常に苦しい。水田の裏作でレタスをつくっていますが、水田は川が溢れたときの水の逃げ道です。国は洪水防止機能として水田のフル活用を奨励していますが、それをやれば裏作の畑が必ず水没します。水没被害をリセットできるだけの金額でリスクを担保したい。それがあれば災害から早く立ち直って、再生産に取りかかれます。

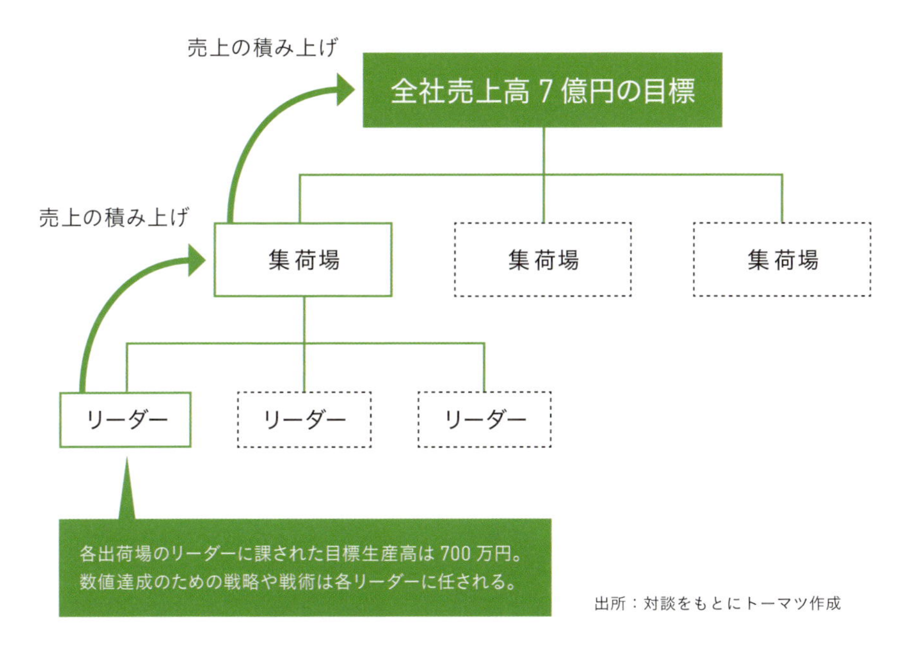

出所：対談をもとにトーマツ作成

―― 現実には、災害リスクにどう対応していますか。

台風リスクに備えて、一緒に責任を負ってくれる提携先を探しています。万が一浸水すればレタスの葉が小さくなりますが、それでも買ってくれますか、と。リスクを引き受けてくれた会社と契約し、野菜を栽培します。それで仮に災害に遭っても、全力を尽くして野菜を育て、出荷します。そうやってリスクを回避してきました。

離職者はゼロ

―― 人材の確保にはどの農業法人も悩んでおられます。鈴生ではどのように取り組んでいますか。

私も人材の確保には悩みに悩んで、いまのスタイルになりました。失敗もたくさん経験しました。その前提でお話しすると、大きく改善したのは労働時間です。

以前は農閑期と農繁期の波が大きく、休みが不定期でした。忙しいときは休みがなく、暇になれば休むというスタイルでした。現在はシフト制を採用し、週1回の休みに加え、隔週で土日休。年に2回の長期休暇も導入し、一般的な企業と同じような休暇体制に整えてきました。

また、社内リクリエーションも増やしました。社員旅行、月1回の食事会、バーベキュー大会、野球チームにゴルフ部……。社員との食事会やゴルフには私も必ず参加し、社員とコミュニケーションを取っています。こうした活動を増やすことで、社員にとって居心地のよい職場にしていく。それと同時に、活動の様子をブログやフェイスブックで発信して、鈴生に興味を持つ人が入りやすい会社にする。こういう取り組みを続けてきた結果、いまは人の集まりも悪くありませんし、離職者もゼロです。

―― 農業界では入社1年や2年で辞めてしまう人が多いなか、離職者がゼロとは素晴らしいですね。

先日も新人社員が、「こんなに丁寧にやさしく教えてくれる会社ははじめて。ここなら成長できると思うので、がんばりたい」と皆の前で言ってくれました。すごくありがたいです。

レタスの収穫適期を予測する

―― では、ITの活用についてお尋ねします。鈴生は電機メーカーとも組んでいろいろ試しておられるそうですが、どんな見通しをお持ちでしょうか。

伸びていく分野だと思います。ただ、いまはデータを蓄積している段階で、実用には至っていません。データ活用ができてはじめて、本当のICTの取り組みだと思っています。

私たちがやりたいのは、たとえばレタスの収穫時期に焦点を当てたデータ化です。品種、栽培時期にもよりますが、レタスの収穫時期は、生育期間の平均気温の累計が1400℃に達した頃と言われています。気象データをもとに1400℃から気温を前倒しに引いていけば、あと何日後に収穫できるとわかるはず。そのデータをお客さまが見れば、野菜が店頭に並ぶ時期のメドが立ちます。しかし、実際は1350℃で穫れるときもあれば、1450℃のときもある。なぜ、そうなったのか。日射量か、地温か、気圧か、と追っていくには、私たちが集められるデータでは限界があります。

―― なるほど。生産者側の状況データと外食や小売のキャンペーンの連動がうまくいかないと、作物のない時期にキャンペーンを張るミスマッチも起きますね。

収穫適期を正しく読み取るには、もっとデータ数を増やす必要があります。今はデータ数が圧倒的に足りません。実用化に至るまでのデータの蓄積を、国が推進してやってもらえるといいのですが……。

―― 現状では、天候不順による相場の変動にはどう対応していますか。

契約栽培なので、一定の金額でどんな災害時も出荷し続けていますが、お客さまには月報と2週間先の収穫情報を提供しています。生育場所の写真付きで状況を説明して、この時期にはこうなります、と。生の情報を渡して、契約を守れない可能性があるとしたら、前もってお知らせします。

東京五輪に野菜を出したい

――鈴生はJGAP（日本版GAP［農業生産工程管理］）を取得されていますが、レギュレーションへの対応はいかがですか。

さまざまな基準が乱立していますが、それらが統一されたら楽だと思いますね。たとえば有機JASやJGAPなどがあって、世界基準なのか日本だけなのか見分けが難しい。私はオリンピックに野菜を出したいので、JGAPでは出せないとなれば、GLOBAL G.A.P.（ドイツの非営利機関による農産物安全認証）を取得します。すでにG（GAP）を取る準備はできています。ただ、何のためのG取得かというと、2020年の東京五輪に野菜を出したい。

認定取得のメリットをひとつ挙げると、農業を長く続けていくためのマニュアルとして活用できること。たとえば鈴生のマニュアルはJGAPだと伝えれば、グループ内での野菜のつくり方を共通化できます。鈴生から独立して畑を持っても、鈴生に野菜を納めたければJGAPを守らなければなりません。タバコを吸いながらの収穫はできないし、トイレの後は手を洗わなければならない。そんな当たり前のルールを浸透させるうえで、認定取得には意味があると思っています。

まとめ

鈴生は「おいしさを求めて」という社訓を掲げ、「お客が口にしたとき、野菜に真剣に向き合うつくり手の顔が浮かんでくるのがおいしい野菜」というコンセプトで経営をしています。理念は会社が間違った方向にいかないためにするストーリーと位置づけ、経営方針は変わっても「おいしさを求めて」だけは変えないという強い信念のもとに経営をしています。この信念がビジネスモデルをはじめ、企業活動全体に色濃く反映されています。

ビジネスモデル・成長戦略は、連携先（ジョイントベンチャー）にも胸を張って出せる人材を競争力の源泉と位置づけ、100人の社長をつくることを目標にしています。いい野菜をつくるにはいい土壌が必要ですが、それをつくるのは人であり、人こそ農業の原点と位置付けているためです。また、ブレークスルーの手法のひとつとして、種苗～野菜栽培～加工～消費者まで届けるストーリーを一気通貫させる、ということも提唱されています。

バリューチェーンについては、安易な6次化は行わないという考えのもとに1次産業領域を中心に事業を展開しています。その中で、「分業」を戦略の柱に据えて、農薬散布は農薬会社、収穫は収穫会社に依頼するなど選択と集中を明確にした経営をしています。

また、「農家はメーカー」というキーコンセプトを掲げていますが、非常に重要な概念と言えます。一見すると自分がつくりたいものをつくりがちですが、お客が求めているものをつくれば価値が高いものが生まれます。これを支えるのは、褐変が少ない肉厚なレタスをつくってほしければつくれるというお客のニーズに合わせてレタスをカスタマイズできる技術力があってこそ採れる戦略で、技術力のない他社に対しての競争力の源泉になっています。

Ⅰ 戦略

❶ ビジョン

- 「おいしさを求めて」というのが社訓で、お客が口にしたとき、野菜に真剣に向き合うつくり手の顔が浮かんでくるのがおいしい野菜
- 会社が間違った方向にいかないためのストーリー
- 戦略、戦術はいろいろあっても良いが、理念は曲げてはいけない

❷ ターニングポイント

- 3 年連続の台風・大雨
- レタスを助けたいという気持ちで社員一丸となって乗り越えることができ、社員全員の思いがひとつになった
- 翌年、販売しながら農業を営む株式会社鈴生を設立、生産部門の個人農園（鈴木農園）と分けて組織化

❸ ビジネスモデル

- 「いい人」がいる会社（ジョイントベンチャー先に胸を張って出せる人材）

❹ 成長戦略

- 100 人の社長をつくる（将来の目標）
- 種苗～野菜栽培～加工～消費者まで届けるストーリーを一気通貫

Ⅲ 管理／人・組織

⓫ KPI

- 売上 7 億円（将来目標）
- 各出荷場ベースで、目標生産高は 700 万円 / 人

⓬ 資金調達

- 相手がどこであれ理念が一緒であること
- 議決権 51%が最低条件
- 天候災害のリスクに対する補助金は積立式の保険でもよいのであったら助かる

⓭ 法人格

- 他人から集めた資本を使って、大きな商売ができることが株式会社の意義
- ただし、自分のお金だけでやるのであれば、法人化しても個人でやるのと大差なし

Ⅱ バリューチェーン

❺ バリューチェーンと商品

- 餅は餅屋であり、安易に6次化には手を出さない
- 農業は分業の方が収益が上がる
- 農家はメーカーなのでお客が必要なものをつくるが商品選定の基本で、受注生産が重要

❻ 生産

- 農地の確保が課題→耕作放棄地の活用
- 命綱の種苗を押さえる

❼ 販売

- 理念の共有
- 物流コストまで考慮し、納品回数の集約などしてくれる販路

❾ パートナー

- 理念の共有ができること
- 金儲けや CSR に使われたくない

❽ 物流／設備

- 物流の内製化として物流会社設立を検討中

❿ グローバル

- 海外マーケットに狙いを定めて、海外のための作物をつくるなら売れる
- 日本の農業のインフラごと輸出するのがよい

⓮ 人材

- シフト制、週1の休み、隔週で土日休など働き方の改善で人材を確保
- 社内リクリエーションを増やし、それらを外部発信

⓯ IT／レギュレーション

- 今後伸びていく分野という位置付け
- 今はデータ蓄積段階で実用に至っておらず、データ活用ができてこそ本当の ICT の取り組み
- お客には月報と2週間先の収穫情報を提供しコミュニケーションを促進
- 基準が乱立しているが、統一されたら楽
- 認証取得を通じて、マニュアルとして活用

グローバル化（輸出）についても、日本の余ったものを海外に持っていってもうまくいかず、海外マーケットに狙いを定めて、海外のための作物をつくるなら売れると考えています。これも農家はメーカーというコンセプトに符合します。

農地の確保が生産上の課題ですが、水田の裏作としての活用や耕作放棄地の解消など社会課題の解決と組み合わせながら取り組んでいます。

販路やパートナー、資金調達先の選定で重視しているのは「理念の共有」です。当たり前のように聞こえますが、ここが合致していないのにビジネスを始めて空中分解してしまった事例は数多い。鈴生はモスフードサービスと、モスファームすずなりを設立し経営がうまくいっていますが、これも理念の共有がしっかりあることが大きいと言えます。

KPI はまずは 7 億円を鈴生として目指すと定めています。特筆すべきは現場からの数字の積み上げとして、「各出荷場ベースで目標生産高 700 万円 / 人」という最小単位の指標を定義していることです。この指標は販売計画・各種コスト構造などを分析して、割り戻された数字です。また、この数字のつくり方は、現場に裁量権を持たせ、作付面積を減らして反収を上げる戦略を採るのもその逆の戦略を採るのも出荷場単位で決定されています。

法人格は、仲間の生産物を販売するうえで鈴生に販社機能を持たせるために必然的に株式会社を選択しています。大きなことをやろうとする鈴生にとって他人資本の活用ができる法人化は必然の流れだったと言えます。

IT・レギュレーションでは、単なる認証取得という切り口に留まらず「グループとしての共通の物差し」として認証を活用し、マニュアルのように位置付けていることです。これにより、鈴生本体から独立してグループの圃場となっても共通のルールで生産ができ、鈴生として圃場や生産者の差を気にせずに販売することが可能となります。

Chapter-2

元金融マンが農業でくり返した「挑戦と失敗」

株式会社サラダボウル ●山梨県中央市

山梨県中央市に本拠を置く株式会社サラダボウル。地元の休耕地を引き受けてこだわりの野菜をつくるほか、行政と組んで日本独占品種の高糖度ミニトマト「スプラッシュ」の栽培にも取り組む。創業者である田中進社長は、大学卒業後に一旦は金融機関で働くも、農業に可能性を感じて農業の世界に飛び込んだ異色の経歴の持ち主。金融マン時代に数多くのベンチャー企業をサポートした経験を生かし、「農業を地域にとって価値ある産業にしたい」と意気込む。13年目を迎えたサラダボウルの、成長の軌跡を聞いた。

ひとりの思いが、仲間の思いになる

――田中社長は、「農業を地域にとって価値ある産業にしたい」とあらゆる機会でおっしゃっています。そういったビジョンや理念を農業において設定することの重要性については、どのように考えていますか。

ビジョンや理念とは、なぜ自分たちがこの事業をするのかという理由です。チームが一丸となって同じ方向に向かっていくために、とても重要なものだと思います。

私たちはトマトづくりを生業にしていますが、ただ単にトマトをつくっているわけではありません。そこで働く人を幸せにしたいし、何よりも、おいしいものを食べた人の笑顔が溢れる食卓や、会話に溢れた仲間たちの時間を生み出したい。それができるのは、やっぱり農業です。

サラダボウルは私ひとりの思いで始めましたが、全国から若い人たちが「一緒にやりたい」と社員に加わってくれました。それを見た地域の人たちが、「うちの畑も使ってよ」と農地を貸してくれて、いま80人を超える地主さんから120カ所くらい土地を借りて生産しています。ひとりの思いが仲間の思いになり、地域の思いになる。それが地域を飛び越えて、国を飛び越えて広がっていく。私たちは商品やサービス

田中 進（たなか・すすむ）●株式会社サラダボウル代表取締役。1972年、山梨県中央市生まれ。横浜国立大学経営学部を卒業後、東海銀行（現三菱東京UFJ銀行）に入行。約5年勤めた後プルデンシャル生命保険に転じ、また約5年勤務する。その後就農。2004年、株式会社サラダボウルを設立して現職。05年には特定非営利法人農業の学校を設立して理事長に就任する。著書として『ぼくらは農業で幸せに生きる』がある。　サラダボウル　http://www.salad-bowl.jp/

株式会社サラダボウル● 2004年、山梨県中央市にて設立。売上高はおよそ15億円（2017年見込み）、従業員数はグループ全体で約300人。トマトなど各種野菜や果実の生産を主力事業とし、ほかにも農業生産のコンサルティングや小売事業、レストラン運営などを手がける。大手商社など外部との連携にも積極的で、大規模な野菜工場の運営や遠隔エリアでの野菜生産合弁事業などにも乗り出している。

を通じて自分たちの思いを形にしていくわけですが、それをつくり出しているのは、一緒に働く仲間たちです。その仲間をつなぐのは、なぜその事業をするのかという思いなんです。

部下の一言で覚悟を決めた

―― これまでをふり返って、大変な時期もあったかと思いますが、飛

躍のきっかけとなったターニングポイントはありましたか。

会社を立ち上げて3、4年した頃でしょうか。今は役員を務める当時の部下に「現場は僕らに任せてほしい」と言われたことがあります。それまでは私も一緒に畑に出ていたのですが、「自分たちが今日のサラダボウル、明日のサラダボウルをつくっていくから、社長には3年後、5年後、10年後のサラダボウルをつくる仕事をしてほしい」と。そのときですね、次のステージに向かってやっていくんだと覚悟したのは。それをきっかけに、次を担うリーダー育成にも本気で取り組むようになりました。

大規模投資で立派な施設をつくると、それが飛躍のきっかけのように言われることがあります。ですが、それは必然の結果であり、それ自体が重要なことではありません。それよりも、その前段階で挑戦できる体制が整ったことのほうが重要。それはつまり、人が育ち、モノ、カネ、情報などの経営資源も揃ってきたということ。そこが一番大きなターニングポイントだと思います。

もうひとつ挙げるなら、さっきの一件より前の話ですが、人材育成について教育に携わる人に厳しく指摘されたことがありました。私たちはその頃から、全国から人を集めて農業研修を行っていましたが、「田中さんがいっていることは、農業をやりたい人を集め、脱落者を出しながら優秀な人を選び出しているだけ。人材育成でも教育でもない」と。当時の私の意識では、農業はつらくて当たり前。それで弱音を吐いて辞める人間のほうが悪い、くらいに思っていたんです。まったくお恥ずかしい限りです。

そうではなく、サラダボウルにやってくる就農希望者を農業の道で幸せにすることが、本当の意味での人材育成・教育である。そう気づかせてもらってからは、人材育成のやり方も変えてきています。

―― いま、経営上の課題と感じていることは何ですか。

「人」に尽きると思います。つまり栽培する人のスキルと運営マネジメントのノウハウです。経営企画や販売に関しては、外部から即戦力を採用すればいくらでも対応できます。しかし、現場でものづくりに携わる人材については、パートさんやスタッフを内部で育成していくしかありません。これに一番時間がかかるし、難しいところです。一方で、優秀な人材が育てば、ほかに問題があっても解決してくれる。人づくりがうまくいけば、それが自社の一番の強みにもなるはずです。

一発逆転よりも、大きな失敗をしないこと

―― 今後、さらなる成長を目指して仕掛けていくうえでも、「人」が強みになっていくわけですね。

仕掛けていく、というと語弊がありますね。それほど積極的な拡大志向は持っていません。どちらかといえば、100回に1回成功することよりも、1万回、10万回やっても失敗しない決断を選んできた結果、今があると思っています。私は周りが思う以上に小心者で、失敗しないことしか考えてないですよ。やはり零細企業ですから、1回の失敗ですべてが終わってしまうことだってある。その1回の大きな失敗をしないために、小さな挑戦と小さな失敗をくり返して、うまくいく方法を探っているんです。

大きな失敗をするかどうかは、自分たちの能力や強み云々よりも、社会的要請という大きな流れやトレンドに乗っているかどうかだと思います。社会が要請するところにはニーズがあります。それに沿って投資をすれば、余程のことがない限り失敗しません。社会の要請に対して、マーケティングや生産管理ノウハウを含めて実行できる人がいるか、野菜をきちんとつくれる要素が揃っているか、あとは自分た

ちの取り組みがそれほど無茶じゃないか。そういうことを考えながらやっているつもりでいます。

成長はあとからついてくる

―― 将来目指すポジションや、描いている成長戦略はありますか。

成長戦略は特にありません。私たちは、農業を地域にとって価値ある産業にしたい。ただそれだけです。その必然の結果として、ビジネスの範囲が広がっていくだけだと思っています。

私たちの会社があるエリアは、すごい山の中です。ウグイスが鳴いていて、とても気持ちいいんです。ここに社員10名、パートさん約100名の新しい雇用が生まれています。60代や70代の年配の方々が、重い物を持つことなく、しゃがまず屈まず仕事ができる場所が生まれています。ここでは南アルプス山系の天然水で育てられたトマトをはじめ、お客さまに喜んでもらえる野菜が生み出されている。周りの人からも、「あのおいしいトマトつくってる会社で働いているんだね」って声をかけられる。そして全国の人たちから、「うちでもやってほしい」と呼んでもらえるのはうれしいことです。

―― 2年後には、岩手や宮城でも農場の展開が始まります。

震災が起きた場所で、地域に価値ある産業として私たちの農業に興味を持ってもらったら、喜んでやりますよ。いずれ地域の人たちが核となってやっていけるように、一緒になって取り組むのは必然だと思うし、それがさらに全国に広がっていくなら、それは社会的な要請があるからだと思っています。

逆に、単に「もっとビジネスを大きくしたい」という欲によって事業展開が決断されてしまったら、歪みができて、売れなくなったりする

品目を特化して高付加価値化を推進する

年間30品目を生産するサラダボウルから始まり、そこからトマトに特化した農業法人を複数展開。今後は、トマト以外のさまざまな品目に拡大していく。

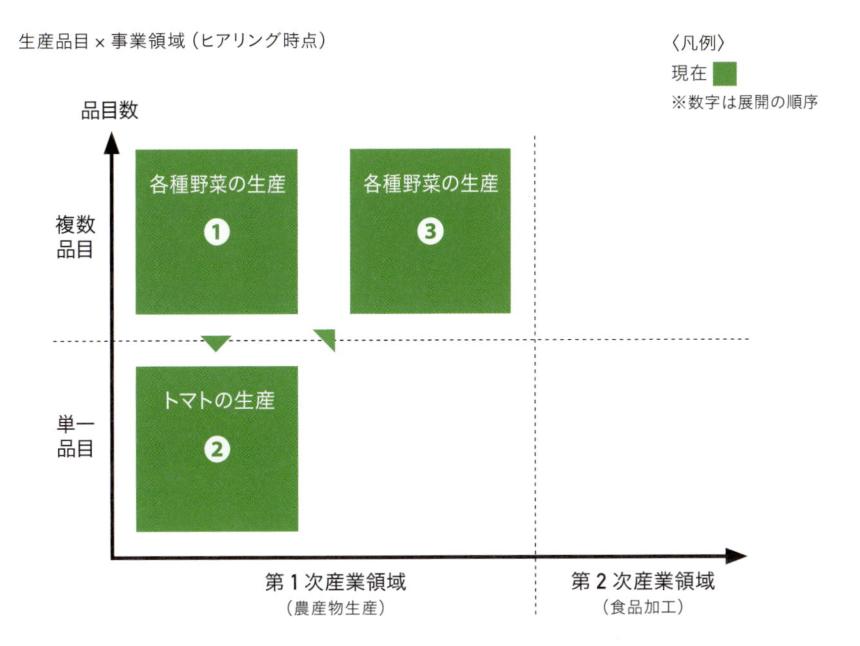

出所：対談をもとにトーマツ作成

のだと思います。売れなくなるから、安くする。安くすると、今度は無理に生産性を高めなくてはならなくなり、自分たちの首を絞めることになる。働く人たちも幸せではなくなってくる。そういうことは、やりたくないですね。

――安くすることよりも、価値を生み出すことが大事だということですね。

農業を始める前は金融機関にいましたから、さまざまな企業の成長の形を見てきました。真のエクセレントカンパニーとは、きちんと価値をつくって、それが認められ、利益に反映されている。私たちも誰かと争い、奪い合って大きくなるのではなく、みずから価値をつくり出して成長していけるような事業をやりたいと思っています。

当たり前のことをやり続ける

―― 農業の世界で、仮に10年後に500億円の売上規模を目指したい企業があった場合、どのような取り組みをアドバイスしますか。

会社ごとに事業内容が異なるので、どの取り組みがいいかはわかりません。ただ、誰もできないような特別なことで奇をてらうのではなく、目の前の課題を改善するとか、誰でもできるような当たり前のことを、誰もまねできないほどきちんとやり続けることが大事だと思います。私たちは創業以来、ずっとそうしてきましたが、そのなかで経営者として「何をするか」を決めるより、「何をしないか」を決めることが遥かに重要だということにも気づきました。

最近はICTやロボティクスにも取り組んでいます。これは一見すると奇をてらったように思えるかもしれません。しかし、産業界の自動化が進んだいま、農業にロボティクスを導入するのはごく当たり前のこと。むしろ遅いくらいです。世の中で当たり前のことを当たり前に取り入れるためには、社会の変化に合わせて自分たちも変化していく必要があるでしょう。

人件費率を管理し、計画的に生産する

―― 元金融マンの田中社長にぜひ伺いたいのですが、今後の成長に向けた具体的な管理指標、KPIといったものは、何か設定されていますか。

はい、設定しています。サラダボウルが行う農業経営は、古いハウスが点在する昔ながらの環境のもと、気象にも左右されながら、それ

小高い丘を上っていくと、広大な敷地に巨大な野菜工場が突如として姿を現す。天候に左右されず、地元に安定した雇用も生み出している。

それの場所で異なる条件で野菜を育てていくスタイルです。そこでのKPIと、施設栽培を行う関係会社であるアグリビジョン（太陽光だけを利用する国内最大級の太陽光利用型施設）や兵庫ネクストファーム（国のモデル事業として建てた大規模園芸施設）では、当然ですがKPIは異なります。

サラダボウルの場合、栽培品目ごとの人件費をKPIに定めています。それが過去12年間一度も赤字を出すことなくやってこれた理由だと思います——、と言うと格好いいですが、結局は給料が安いから黒字だというだけの話で、従業員には本当に申し訳ないです。

ただ、それは皆もわかっています。払いたい気持ちがあっても、払えないからしょうがない。自分たちの給料は自分たちで上げていくしかない。だから人件費にもっと注目してやっていこうよ、ということです。

人件費は、売上の35％から40％が目標です。考え方としては、売上は「単価×収量」で決まります。僕らの農作物は固定価格なので、売上を上げるには、収量を上げる必要がある。収量を上げるには、秀品率（全体収量の中で良品が占める割合）と作付面積を増やしていくことになる。それをどのくらいの人で管理するか、ということです。逆にそこをきちんと管理しておけば、計画的な生産ができるのが僕らのスタイルの特徴でもあるんです。

アグリビジョンや兵庫ネクストファームなど関連会社での施設栽培の場合、大事なのは戦略性の高さと、その戦略を実行できるかという部分。それによってKPIも変わってきます。

そこに社会的要請はあるか？

――経営者として「何をしないか」を決めることが大事ということでしたが、事業領域をどこまで広げるかについてはどう考えますか。生産に特化するのか、加工や販売など第2次産業、第3次産業にも取り組むのかは、意見が分かれるところだと思います。

生産する品目や品種、地域性、会社の背景によって、どこまで踏み込むかはケースバイケースで違うと思います。ただ私たちの場合、第2次産業や第3次産業をやろうとはあまり考えていません。生産だけで十分に儲かるからです。無理して加工や販売に踏み込まなくても農業は儲かります。

加工して意味があるのは、それによって商品の価値が高まるときです。加工品を社会が要請するなら、取り組む価値があると思います。

――輸出の取り組みについてはどう考えますか。

輸出も基本的に社会的要請だと思います。日本から時間とコストとエネルギーをかけてまで農産物を移動させる理由があるのか、そうま

事業領域：無理して2次、3次を手がけなくても儲かる

地域の条件に合った生産を行っていれば１次産業だけでも十分に儲けを出すことが可能である、という考え方に基づいた事業領域選定を行っている。

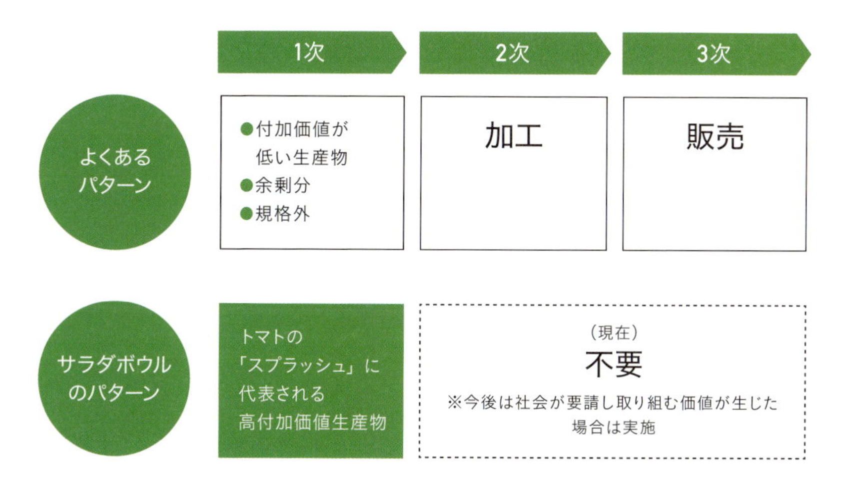

出所：対談をもとにトーマツ作成

でして海外に日本の農産物を求める人がいるのか。もしそうであれば、輸出する意味があるでしょう。

―― ベトナムでも農業生産を始めました。海外展開へのお考えも聞かせてください。

海外拠点をつくった理由は2つあります。1つは日本の農業を守りたい、2つ目は日本の素晴らしい農業や食産業をアジアや世界に広げたいという思いです。

アグリビジョンのような会社が地域の雇用を生み、それで地域に貢献できたり、感謝されたりするのはうれしいことです。その一方で、地域では高齢化が進み、そもそも働き手が減っています。昔のように朝から晩まで土日祝日も働かなければならない産業構造のままでは、立ち行かなくなってしまいます。地域の人たちが幸せに働けるように、

農業という産業構造そのものを改善していかなければならない。そんな危機感を抱いています。

海外でやろうとしていることは、プロフェッショナルな産業人材の育成です。安い労働力を得るためではありません。広島東洋カープが外国人選手の発掘・育成を目的にドミニカ共和国に「カープアカデミー」をつくったように、海外の生産拠点でマネジメントチームを育成する。そして日本の農業を価値ある産業にするために、日本で活躍してもらう。これは私たちの会社だけでなく、日本各地の社会的要請として、今後ますます強まっていくのではないでしょうか。

また、彼らが自分たちの国に戻れば、今度はその国の農業の産業化に貢献し、地域にとって価値あるものをつくっていってくれるはずです。それはメイド・イン・ジャパンの農産物が輸出されるのとは違って、ジャパン品質のものがその地で生産され、消費されるということ。これが海外進出の2つ目の理由である、日本の農業や食産業をアジアや世界に広げるということです。

―― 海外拠点としてベトナムを選んだのはなぜですか。

1つには地理的な理由からです。世界のマーケットを見渡すと、ヨーロッパの食卓はアフリカから、北米の食卓は中南米から、アジアの食卓はアジアから供給されています。つまり生鮮品は地球儀を横ではなく縦に移動します。なぜならそれがコストに跳ね返るからです。ベトナムは親日国で、日本人と一緒に事業をやりたいという人が多い国なんです。

ソフト的な理由としては、ベトナムの人たちは地頭がいい。こちらの言うことをきちんと理解して行動するし、手先も器用です。また、「おいしい」と感じる感覚が日本人と似ています。どうやって価値を高めていくかというときに、味覚が似ていることはとても重要な要素だと思います。

海外展開の概念

海外進出に乗り出したのは、安い労働力を得るという目的ではない。海外拠点でプロフェッショナル人材を育成し、「ジャパン品質」の農業を行う。

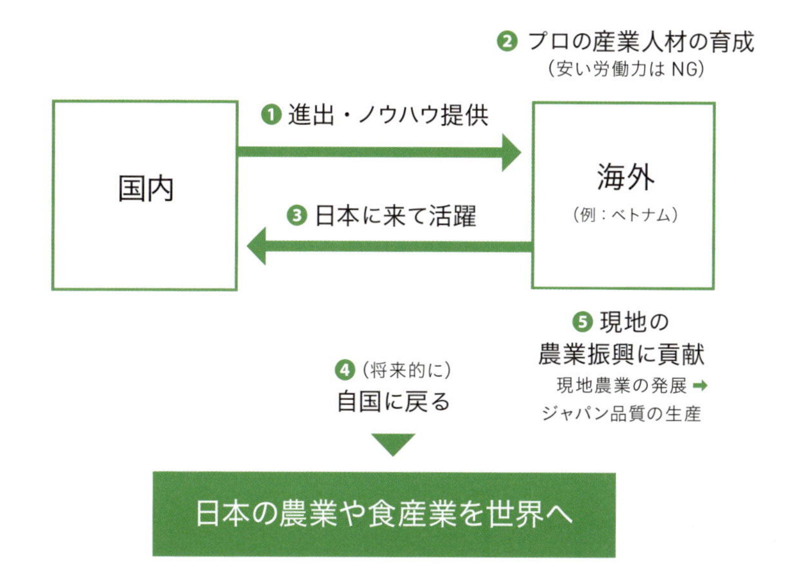

出所：対談をもとにトーマツ作成

NDAを結んだ企業は20以上！

―― ベトナムの事業に限らず、国内外でいろんなパートナーと連携を進めています。パートナーを選定する際に重視されていることは何でしょうか。

現在、20社以上の企業とNDA（秘密保持契約）を結んで研究開発をやっていますが、農業経営をしていて感じていることが大きく2つあります。ひとつは、農業の課題が、農業だけでは解決できないということ。もうひとつは、地域の課題が、もうその地域だけでは解決できないということです。どうやって業種業態を飛び越えて、地域を飛び越えて、自分たちの抱えている課題を解決して、農業で地域をより良くしていけるのか、社会をより良くしていけるのかということを、ただ考えているというだけですね。

自分たちだけではできないことも多々あって、それぞれを得意としている方たちと一緒になって取り組んでいく。それが社会的要請ということなのだと思っています。だから業種の垣根を、むしろ積極的に乗り越えていきたいですね。現に、銀行や通信会社、それこそ監査法人からも出向してきてもらったりしています。もちろん、ビジョンを共有してもらえることが大前提です。

品目選定はマーケット戦略ありき

――品目はどのように選定していますか。また、儲かる品目の特徴は何でしょうか。

昔だったらメロンは儲かる、イチゴは儲かるというように、品目によって儲かる時期があったかもしれません。しかし、いまや商品も情報も行き渡り、需要と供給のギャップが埋まっています。「これだから儲かる」という品目はもうないのかもしれません。ただ、高い技術や特別な生産戦略といった自分たちの強みやマーケット戦略において、差別化できることはあると思います。

私たちが品目や品種を決めるときは、マーケティングやセールスプロモーション、ブランディングなどマーケット戦略のなかで選定します。それで例えば高糖度のミニトマト「スプラッシュ」をつくると決めたとしても、誰もがつくれるわけではありません。私たちがスプラッシュをつくることができるのは、生産を「生産設計」と「生産管理」に明確に分けて考えているからです。

まず検討するのが生産設計です。その品種の特性を最大限に発揮するためにはどのような栽培方法がいいのか、その栽培方法を実現するために必要なハウスの機能は何かを設計していきます。次に生産管理です。安定した品質で収量を多く、コストを抑えて安定的に生産するための計画を立て、実行し、修正していくことをくり返します。

こうした戦略のなかで品目や品種を選定しているわけですが、もちろん自分たちの経営リソースとリンクしていることも大事です。私たちは地域に生まれ、地域と一緒に発展していきたいと考えています。その土地のさまざまな自然条件の制限を受けながら、より良い商品をつくるにはどうすればいいのか。そのなかで戦略性を高めてやっていく、つまり自分たちに合う品目をつくっていくということも大事なわけです。

―― スプラッシュのような品種で収量や品質を安定させていくのは簡単ではないと思います。生産上の課題を克服するために取り組んでいることはありますか。

特別なことはしていません。品種の特性を深く理解するように努めたり、栽培の過程でわからないことは先進地を視察してコンサルティングを受けたり、PDCAを回しながらより良い方法を見つけていくとか、製造業でやっているような現場の改善を普通にやっているだけです。課題は課題として明確にわかっていますから、それをひとつずつ解決していくという取り組みのくり返しです。

「取引」はしない、「取り組み」をする

―― 販路の選択肢はいろいろあるかと思いますが、選定基準はありますか。

基本的には、今はスーパーさんが中心です。全国のスーパーさん。地域でバッティングしないようにマッピングしながらやっています。

スーパーさんと私たちは、「取引」ではなくて、「取り組みをする」と

いう言い方をしています。トマトをいくらで買いますか、売りますか、という話はせずに、一緒になって「棚づくりをしていきます」というスタンスです。サラダボウルが皆さんに代わって野菜の棚づくりをしますよ、と。だから私たちは商品の企画もするし、提案もします。一緒に価値ある仕事、社会を豊かにする仕事をしていきましょう、というのが僕らのメッセージ。それに賛同して、仲間になってくださるスーパーさんと一緒に取り組みをしています。

―― 物流コストの管理も大きなテーマのひとつですが、自社便を持つという選択肢も含めて、物流面ではどのような取り組みを考えていますか。

自社便を持つかどうかは、商品を卸すスーパーが物流の整備された地域にあるかどうかやロットでも変わってくるので、一概には言えません。でもこれからは、間違いなく物流もデータマネジメントの世界になっていくと思いますよ。

いま、データマネジメントなど、単なるマーケティングだけではない部分での管理手法がものすごく入ってきています。つくるところから届けるところの間がつながりやすくなる、つまり収穫予測と最後のセールスプロモーションがつながることで、新たな価値が生まれやすくなります。外部の運送会社との連携も含めて、パートナーシップを組みながら一緒に価値をつくっていく時代になると思います。

―― 資金調達についてお聞きします。農業の分野では、日本政策金融公庫をはじめ、普通の産業ではないような融資制度もあったりと、利用できるバリエーションが非常に広いですよね。その辺はどのようにお考えですか。

ほかの産業に比べて産業支援的な要素が大きいのは、間違いないで

"取引" から "取り組み" へ

「いくらで売ります買います」という話ではなく、販売先と一緒になって「棚づくり」をしていくというスタンスで臨む。

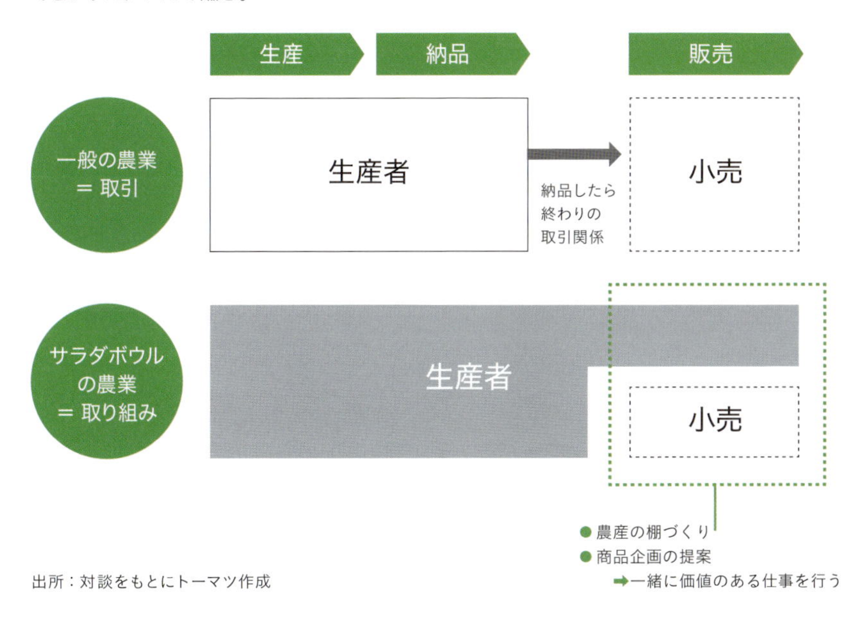

出所：対談をもとにトーマツ作成

すね。国策として選択を増やしてきたというのも事実だと思います。政策を受けて取り組んだことが次につながるかどうか。いろいろな思いがあるでしょうが、それは個々の企業の考え方だと思います。

—— 自社のステージに合った法人格の選択はどのように考えればよいのでしょうか。

法人化するのか個人のままでやるのかは、それぞれにやりたいことや思いがあるなかで判断していくことだと思います。私たちは農業を産業化したいし、そこで働く人たちを幸せにしたいという思いがあるから法人化しました。もし個人に技術があり、その人にしかつくれないものがあるなら、法人化しなくても大きな取引先との取引は可能です。いろんな形の農業があっていいと思います。

休みがないから、人が辞めるのではない

―― 農業では人材を確保しにくいとか、人が定着しないといった悩みを耳にします。農業に向いている人材、向いていない人材の特徴はありますか。

人にはそれぞれ、やりたいことや特性があるので、それによって選ぶ業界は異なると思います。ただ、どの組織でも、活躍する人の特徴があるかもしれません。農業でもほかの産業でも、変わらないことかもしれません。農業だから人が定着しないということはなくて、どの産業でも同じように「定着しない要素」があるから、定着しないのだと思います。

人が定着する要素って、たとえば昇進や昇給などでフェアな環境があるとか、将来が見据えられることとか、もちろん賃金体系が整備されていることもひとつでしょう。そうした働く環境や条件だけでなく、ハーズバーグの「動機づけ理論」で提唱されたように、達成感ややりがい、充実感、成長実感なども必要だと思います。

勘違いされやすいのは、農業は働く時間が長いとか、休みがないから人が辞めるんじゃないかという意見がある。もちろん、長時間労働や無休というのはよくないです。しかし、かといって、休みがないから辞めていくのかというと、それは表面的な理由にすぎないかもしれません。本質的なことは、そこにいる価値があるかどうか、将来への期待感や安心感があるかどうか、ではないでしょうか。

やはり、現場に力がある会社は、人が定着しやすいと思います。自分たちが日々取り組んでいることが確実に成果に変わる環境では、やりがいや充実感、成長感をすごく感じることができる。さらに個人が

承認され、受け入れられる環境がある。その先には、新しいことにチャレンジできる環境がある。一人で始めるよりも、より大きな世界や自分の求める世界がそこにあったら、人は辞めないんじゃないでしょうか。それは農業法人でも同じだと思います。

—— 最後に、農業でのITの活用について今後取り組んでいきたいことはありますか。

サイエンスやテクノロジーは、イノベーションを起こすためのひとつのツールだと思っています。技術や科学によって、生産性や品質、収量の安定性を高めるなど、これまでできなかったことができるようになっていく。それで農業従事者の収入が増えていく。私たちの事業展開のなかでも、そういうことをやっていきたいですね。

まとめ

サラダボウルは、「当たり前を当たり前にやる。社会的要請に沿う。小さな失敗を積み重ねて大きな失敗をしない」など着実に原理原則を大事にした経営をしています。社会要請を基軸にマーケティングや生産などが実行できる人材を揃え、無茶な取り組みにならないように注意を払いながら蓋然性を意識した事業展開をしています。
「なぜ、自分たちがこの事業を行うのかという理由」をビジョンとして位置づけています。チーム一丸に同じ方向を向くためにビジョンを掲げ、農業を地域にとって価値のある産業にすることを目標に、従業員の幸せ、何よりもおいしいものを食べたときに食卓に広がる笑顔などを目指して取り組んでいます。

浮き沈みのあるトレンドは追わず、社会的要請に沿うことで極力失敗をしない着実な経営をしています。ブレークスルーも特別な何かを狙うのではなく、「誰でもできるような当たり前のことを、誰もまねできないほどにきちんとやり続けていく」ということを大切にしています。

その中で、パイを奪い合うのではなく価値のあるものをつくっていく戦略、これは高糖度ミニトマト「スプラッシュ」の栽培や「売れないから安くする。安くすると無理に生産性を高めなくてはいけなくなり、自分たちの首を絞める」状況は避けるという考えに体現されています。バリューチェーンについても、例えば2次（加工品）や輸出をすることで商品価値が高まるなど、加工して意味があることや社会的な要請があるのかを取り組むか否かの判断軸として挙げています。

販路はスーパーが中心ですが、「取引ではなく取り組みをする」というコンセプトで取り組んでいます。これは、トマトをいくらで買いますか・売りますかではなく「一緒に棚づくりをしていきます」というスタンスです。つまり、サラダボウルと野菜の棚づくりをする、商品の

理論と試行錯誤を積み重ねてたどり着いた、非常に甘い自慢のトマトだ。

企画・提案もする、一緒に価値ある仕事をして社会を豊かにしましょうという取り組みです。

生産についても、品目の個所で話が出ましたが「生産設計」と「生産管理」に分けて考えていることが特徴のひとつです。生産設計は品種の特徴を最大限に発揮するために栽培方法や設備のスペックなどを検討することです。生産管理は、安定した品質で収量を多くするために、PDCAサイクルを回すことです。

人材がサラダボウルの強みですが、「社長は10年後を考えてください」という人材が出てきたこと、および大規模施設は結果で前段階として挑戦できる体制（人が育ち、モノ、カネ、情報など経営資源）が整ったことをターニングポイントに挙げています。

採用も外部から即戦力が獲得しやすい経営企画・販売と、現場での

Ⅰ 戦略

❶ ビジョン

- 「農業を地域に価値ある産業にし、働く人も幸せで、おいしいものを食べた時に広がる笑顔あふれる食の風景を生み出す」ことを目指す
- なぜ、この事業をするのかという理由であり、チームを一丸になってひとつの方向に向かわせるものという位置づけ

❷ ターニングポイント

- 部下に「社長は 10 年後のサラダボウルをつくる仕事をしてほしい」と言われたこと
- 大規模施設に挑戦できる経営資源が揃ったこと

❸ ビジネスモデル

- 大きな失敗をしないために小さい失敗をくり返す
- 社会的要請に沿った事業展開

❹ 成長戦略

- 誰かと争い何かを奪って大きくなるのではなく、自ら価値をつくり、必然として成長

Ⅲ 管理／人・組織

⓫ KPI

- 人件費率を重視（35 ～ 40%が目標）
- 売上＝単価 × 収量で決まるが、単価は固定なので収量を上げげる
- そのためには、秀品率と作付面積を増やす

⓬ 資金調達

- ほかの産業と比較して産業支援的な要素が大きく、政策的に選択肢が増えている
- 補助金も産業支援的に機能すればよい

⓭ 法人格

- 農業を産業化したいので法人化
- 働く人を幸せにしたい、週休 2 日も実現したいので法人化した

Ⅱ バリューチェーン

❺ バリューチェーンと商品

- 地域性やその会社の背景によって変わる
- 加工することで価値を高めるのが加工する理由であり、余ったからケチャップやジュースというのは意味が異なる
- 単に需給ギャップで品目を選ぶのではなく、品目内で差別化

❻ 生産

- 特別なことはなくPDCAを回すこと
- 生産設計と生産管理を分けて考える管理手法

❼ 販売

- スーパーが中心で地域内でバッティングしないよう注意
- 取引ではなく「取り組み」

❾ パートナー

- 農業、地域の課題は業種業態を超えて解決が必要

❽ 物流／設備

- データマネジメントのように、単なるマーケティングだけではない部分が入ってきている

❿ グローバル

- モノが動く意味があるのか、社会的要請があるのかが判断材料
- カープアカデミーのようなプロフェッショナルチームの育成

⓮ 人材

- どの組織でも活躍する人は共通しているので農業だとしても変わらない
- フェアな環境、将来性、自己実現など内面的な要素が重要となる

⓯ IT／レギュレーション

- サイエンスやテクノロジーはイノベーションを起こすひとつのツール
- 奇をてらったものではなく産業界の自動化が進んだ今、当たり前のこととして取り組みを推進

育成が必要な生産に関わる領域は分けて考えています。

また、人材の育成・定着には、「定着しない要素があるから定着しない」という考えに基づいて、フェアな環境、将来性、自己実現など内面的な要素が重要となるとし、活躍できる環境の整備に力を入れています。

外部とのコラボレーションは特筆すべき事項です。現在、20社以上の企業とNDA（秘密保持契約）を結んで多様な分野で研究開発を行っていますが、これだけ多くのコラボレーションを行っているケースは稀有ではないでしょうか。

農業の課題が「農業だけでは解決できないこと」「地域の課題が地域だけでは解決できないこと」が多いという問題意識に基づいて、業種業態を飛び越えて課題を解決して、農業を良くしていくという戦略です。

KPIは、露地栽培中心のサラダボウルと施設栽培のアグリビジョンなどは分けて設定して、管理をしています。例えば、露地栽培ではキーとなる人件費率を35～40％と具体的に設定し、売上を単価×収量に、収量を上げるために秀品率と作付面積を……、のようにブレークダウンして、ツリー構造で指標管理しています。

法人化についても、農業の産業化を志向し、働く人を幸せにすることを目指すため株式会社を選択しています。ファイナンスは、日本政策金融公庫や補助金などほかの産業に比べて産業支援的な要素が大きく、政策的に選択肢が増えていると述べています。一方で、それらの選択肢をどのように使うのかは個々の企業の考え方次第と言えます。

ITは、イノベーションを起こすひとつのツールと位置付けて技術によって生産性や品質、収量の安定性を高めるなど、これまでなかったことができるようになると期待を寄せています。

Chapter-3

農業の「コンビニ化」で売上100億を目指す

株式会社舞台ファーム ●宮城県仙台市

仙台市に本拠を置く株式会社舞台ファームは、コメや野菜の生産、加工、販売を一体的に手がけている。本社の隣の工場でキャベツやレタスなどが細かくカットされ、袋詰めにされて東北地方のコンビニエンスストア約1200店、県内外のスーパーに届けられる。針生信夫社長は、この地で約300年続く農家の15代目。舞台ファームの「舞台」とは、もともと針生家の屋号である。針生社長は2003年に生産者仲間と有限会社舞台ファームを創設し、革新的な農業経営を続けてきた。東日本大震災で存亡の危機に直面したが、起死回生を果たし、13年には生活用品製造卸大手アイリスオーヤマと共同出資で、精米会社「舞台アグリイノベーション」を設立。同社は宮城県亘理町に国内最大級の工場を建設した。16年6月期の売上高（単体）は22億円に上る。その成長を支える戦略、戦術について聞いた。

市場に出すのも自分で食べるのも同じ

―― 現在、舞台ファームは第5ステージを迎えておられるそうですが、これまでの歩みとそれぞれのステージをどうとらえていますか。

家族で経営しながら、売上1億円にまで生産を拡大したのが第1ステージ。第2ステージでは、農業生産法人を設立してB to Bの契約栽培を始めました。自社農場での生産に加えて、野菜が手元にないときは市場から買う、あるいは全国や東日本に産地ネットワークをつくって集荷することで、業務用食材卸としての機能も持ち始めました。

第3ステージは、加工用野菜のカット工場を建設し、大手コンビニチェーン向けのベンダーにカット野菜を納品しながら、品質管理などのノウハウを蓄積していった時期です。第4ステージでは、加工用野菜よりも高度な品質管理が求められる生食用カット野菜も始めました。

そしていま、第5ステージ。「直営農場の拡大」を図りながら、私たち針生信夫（はりう・のぶお）●株式会社舞台ファーム代表取締役。1962年、宮城県生まれ。宮城県立農業講習所（現宮城県農業大学校）を卒業後、父親の後を継ぎ、就農。2003年に有限会社舞台ファーム設立。13年にはアイリスオーヤマとの合弁により、舞台アグリイノベーションを設立した。農林水産省マルシェ・ジャポン プロジェクト実行委員長、仙台市認定農業者連絡協議会会長、宮城県総合計画審議会委員などを歴任。
舞台ファーム　http://butaifarm.com/

株式会社舞台ファーム● 2004年、宮城県仙台市にて設立。売上高は22億4200万円（2016年6月期単体）、従業員数はグループ全体で250人。江戸時代より「舞台」の屋号で15代続く農家をベースとして発展、03年に有限会社化。レタス生産を主力として始まり、現在はコメやほかの野菜の生産も手がける。加工分野にも進出しており、大手コンビニチェーンにもカット野菜を供給している。13年にはアイリスオーヤマと合弁で舞台アグリイノベーション株式会社を設立。

の社是である「赤ちゃんが食べても安全で安心な生産物を、農場から食卓へ」という基本を大切にして、食育や少子高齢化の社会情勢に対応していきたいと考えています。

――「赤ちゃんが食べても安全・安心……」は理念の核心ですね。理念を設定することについてはどう考えていますか。

会社を設立して13年になりますが、一貫してこの考え方でやっています。昭和の時代にはよく、「針生さん、自分で食べる野菜には農薬を使わないで、市場に出す野菜には使ってるでしょ」と言われました。

「いや、僕の野菜は市場用も自宅用も同じですよ」と主張しても、なかなかそうは見てもらえない。理念として掲げることで、自分たちも改めて基本に忠実にやっていこうという気持ちになりますし、対外的にも理解してもらいやすくなると思います。

震災で債務超過に！

――これまでをふり返って、一番のターニングポイントは何でしたか。

それは何といっても、「3.11」です。絶対的なパラダイムシフトでした。過去にも商流と物流の違いに戸惑ったり、資金力不足で壁にぶつかったりしましたが、何とか乗り越えてきました。しかし、東日本大震災の大津波で壊滅的な被害を受けて、数億円の債務超過に陥ってしまったのです。キャッシュフローが行き詰まり、本当に厳しい状況でした。

震災から4年経った2015年2月末、ようやく債務超過を脱出しました。金融機関や国など多くの皆さんが、舞台ファームを「残すべき農業会社」として支援してくださったおかげです。農業法人は全国で2万社くらいありますが、赤字の法人も相当数あります。私たちが震災後に経験したことは、手前味噌ですが、赤字体質から黒字転換へのひとつの指針、つまり農業再生のロードマップになったのではないかと思います。

――赤字から黒字への転換をどのように成し遂げたのですか。

同業者・異業種を問わず成功者の方々のやり方を、徹底的に研究してまねしました。名づけて「TPP×A」。好事例をテッテイ的にパクッて、パクリ倒す。そして私たち向けにアレンジをする。

具体的には、彼らのPL（損益計算書）やBS（貸借対照表）、キャッシュフロー、CR（製造原価明細書）を分析して、その社長の考え方や方向性、ヒストリーを勉強したのです。成功者たちから学んだことを「舞台」というプラットフォームにプラスし、そこから物まねではない、まったく新しい仕組みを生み出しました。僭越ながら、今度は私たちが成功の一例となって、多くの農業従事者の方々にまねしていただけたらと考えています。

年53回チェックする仕組み

―― 震災後の債務超過から脱出したいま、経営上の課題は何ですか。

私たちは、5年前の債務超過から脱出しました。その点において、当時の取り組みは成功したと言えます。ただ、この5年で時代は変わりました。同じやり方が通用するとは思えません。時代の変化に合わせて、自分たちの組織も柔軟に変わっていかなければなりません。これが経営上では重要であり、私たちが力を入れて取り組んでいることです。

―― 柔軟性や適応力が舞台ファームの経営上の強みとも言えるわけですね。

そうです。組織図を見ていただくとわかりますが、当社にはMO（マーケティング・アンド・オペレーション）本部があります。経営者である私の直轄部門です。なぜこういう組織かというと、とかく営業は、お客さまにいい顔をしたがります。たとえばカット野菜は20種類程度が生産効率がいいのに、「40種類くらいやりましょう」と請け負いたがる。するとカット工場の責任者から「そんなのは無茶だ」と反発が起きる。部門間の軋轢をなくそうと、当社では工場で経験を積んだ人が営業を担当し、常にマーケティングとオペレーションの議論がかみ合うようにしています。それがMO本部です。

ここに農場、流通、生産の各部門の責任者が集まり、方向性を決める会議を毎週開いています。通称「プレゼン会議」です。

この「毎週」というのが肝です。一般的に農業会社は年12回の月次決算だと思いますが、私たちは週単位で集計し、チェックしています。年間53週、53回チェックするのです。こうした仕組みも、時代の変化に柔軟に対応するためには重要だと考えています。

ちなみにこのプレゼン会議は、アイリスオーヤマさんを「TPP×A」（テッテイ的にパクッて、パクリ倒して、アレンジする）。震災後の復興の過程で、アイリスオーヤマさんがなぜ強いのかを研究して、自社に取り入れました。

――では、会社がさらに成長するために、取り組むべきポイントは何だと考えますか。

それはもう、しっかりした組織をどうつくっていくのかということ。当然、人材力が問われます。私を補佐してくれる助さん、格さん的な存在をはじめ、圧倒的な人材力が組織力を生み出します。

ただし、社長の器を超えて会社が伸びることは絶対にありません。会社が成長するかどうかは、社長次第です。何よりもまずこれを認識すべきです。ですから、社長は日々努力して、勉強し続けなければならないのです。

農家や農業会社のトップは社長ですが、たんなる“会社の長”というだけで、どんぶり勘定で数字が読めず改善する力がなければ、会社は倒産します。現場が抱える課題から日本の農業の将来まで見通す仮説力と、それへの対応力を持ってこそ、本当の意味での経営者。こうした「最高経営責任者（CEO）」的な立場の人が会社を率いていくことが大切だと思います。

加工、販売でも独自性を発揮

「異業種連携の大型販路」×「広域型農業連携による仕入れ」を両輪とし、最新鋭・大規模工場で独自性を創出。

〈凡例〉
現在 ■
※数字は展開の順序

生産品目×事業領域（ヒアリング時点）

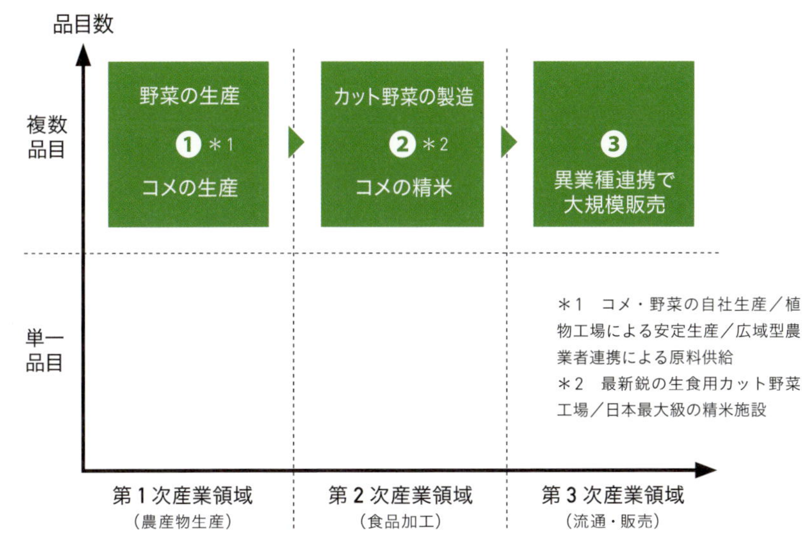

出所：対談をもとにトーマツ作成

「農業ハルマゲドン」はビッグチャンス

――仮に10年後に売上500億円を目指すとしたら、どのようなブレークスルーが必要でしょうか。

現状、日本の農業は縦割りです。コメならコメ、キャベツならキャベツしか栽培しない。でも実際の食卓を考えれば、コメだけ、キャベツだけ食べている人はいません。やっぱりご飯とおかず。おかずも肉を食べたり、魚を食べたり、飲み物もワインもあれば、日本酒、ビールもある。農業がカテゴリーごとに分かれているうちは、限界があるのではないでしょうか。

私たちが目指すのは、「食卓イノベーション」。おいしいご飯、おいしいおかず、おいしい飲み物を三位一体で考える。さらに、おいしいだけでなく、体にいいものを食べていただけるよう、健康・長寿を切り口に新たな食のあり方を提案していきます。

おコメだけで売上500億や1000億を目指すのは現実的ではありません。むしろ、食卓全体をカバーするサプライチェーンが実現すれば、1兆円も2兆円も不可能ではないと考えます。

――今後の成長に向けた目標値は、具体的にどう設定していますか。

2018年には「農業のハルマゲドン」がやってきます。コメの生産調整、戸別所得補償制度が18年に廃止されるからです。大きな逆風となると思いますが「ピンチはチャンス」。私たちは大きなビジネスチャンスが生まれてくると考えています。2016年の決算は舞台ファーム単体で22億円。ハルマゲドンが起きたとしても、19年にはグループで100億円超を目指したいと思っています。

目標達成の前提となるのが、われわれが考えるコンビニ型の仕組みです。コンビニ業界のフランチャイズシステムと似た仕組みを農業に持ち込もうと考えています。フランチャイズのオーナーを頂点に、本部が支える逆三角形の組織体制を採るコンビニ業界を見習い、私たちが一般農家を支えながらともに成長できる仕組みを構築したい。賛同してもらえる農家には、私たちが実践するビジネスモデルを提案し、フランチャイズ方式のように全国に広めていく。ひとつの農業法人の売上を1億円として、全国に100人の仲間ができれば100億円――これが19年に100億円達成のシナリオです。

日本農業には課題が多くあると思います。それらを解決していくのが「アグリソリューション」。農業者の皆さまの課題となっている点を単なる売り買いではなくともに解決していきたいと考えております。経営面、資金面、人材面、技術面など。例えば、コンバインなどの機械

舞台ファームの契約農家支援システム

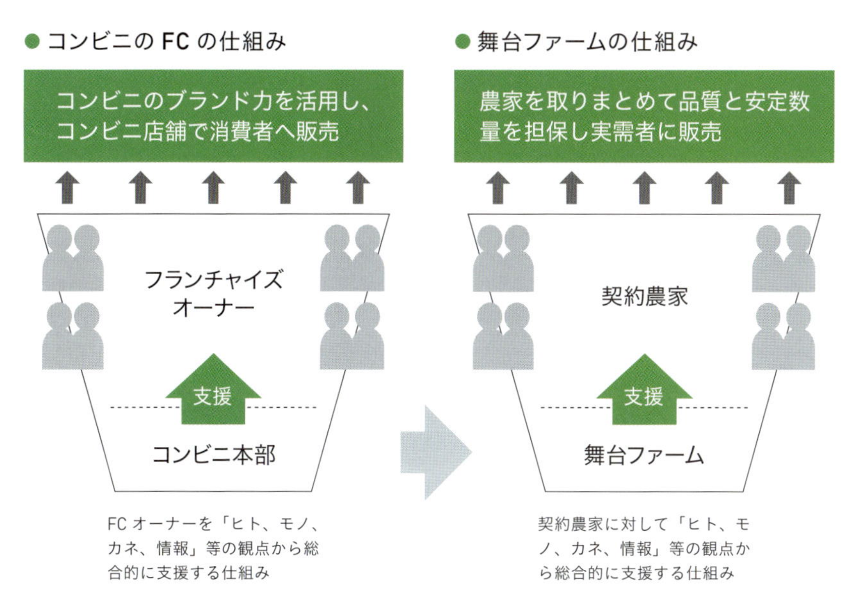

出所：対談をもとにトーマツ作成

をシュアリングすることでコストダウンを図ったり、人材がいないから農地を広げられない方に繁忙期にお手伝いに行く。経営的な部分がわからないならば当方が中身を見て方針を確認して安心感を持ってもらう、など。新しいもので言えば、草刈り代行サービスをローンチすることを考えています。草刈りは最も過酷で煩雑な作業ですが、これをシェアする代わりに契約栽培でおコメを出していただく。このように多面的に農業者をサポートするアグリソリューション。これで農業者ネットワークが大きくなっていくと思います。

利益を出す仕組みづくりが肝要

――舞台ファームは、生産から加工、販売まで行っていますが、こうしたバリューチェーンはどこまで手がけるべきだと考えていますか。

原料生産は農場、商品加工は2次産業、販売は3次産業という考え方がありますが、分けていては利益は出ません。また、商品の見せ方やアレンジの工夫で付加価値をつければ、100円のものを無理やり200円で売れるかもしれませんが、そういった目先の差別化に頼るのも私たちのやり方ではありません。赤ちゃんからお年寄りまで国民の安全な食卓を支えていくからには、デザイン的な付加価値による利益は1割か2割程度です。

私たちが利益を追求するのは、仕組みの構築によってです。生産、加工、流通、販売を一元的にマネジメントすることで利益を出しやすくする。仕組みで考えるという点が、ほかの農業法人とわれわれの考え方のまったく違うところです。

業界のナンバーワンとしか組まない

――TPPに象徴されるように、グローバル化の波も打ち寄せています。グローバル化についてはどう考えていますか。

農家はインポーター・エクスポーター事業ができません。農家の方がいま、アジア諸国やASEAN諸国でコメづくりをしたり、ODAと連動してインドネシアやベトナムでコメをつくったりしていますが、英語も現地語も話せない人がほとんどです。ビジネス用語も契約書のつくり方もわからない。そういう人が海外に行っても、花火を打ち上げることはできても、ビジネスモデルにはなりにくいのが現状です。

ここはやはり、貿易部門を持つ会社とどう「組む」かがカギだと思い

舞台ファームのビジネスステージ

個人農家のステージから徐々にビジネス領域を広げ多角的な展開へ進化している。

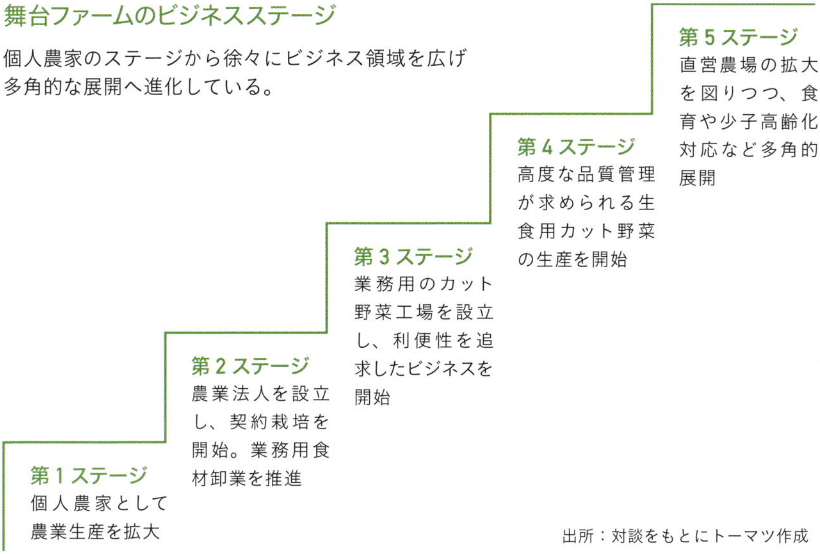

第1ステージ
個人農家として農業生産を拡大

第2ステージ
農業法人を設立し、契約栽培を開始。業務用食材卸業を推進

第3ステージ
業務用のカット野菜工場を設立し、利便性を追求したビジネスを開始

第4ステージ
高度な品質管理が求められる生食用カット野菜の生産を開始

第5ステージ
直営農場の拡大を図りつつ、食育や少子高齢化対応など多角的展開

出所：対談をもとにトーマツ作成

ます。宅配業者に国際物流を委託している農業会社も多いかもしれませんが、対価を払っての委託は「組む」とは言えません。

では、「組む」とはどういうことか。私たちはアイリスオーヤマさんと共同で、精米工場「舞台アグリイノベーション」を設立しました。低温製法と高気密パックの技術で、長期にわたる船便輸送でも新鮮さを保てるコメを製造し、アジア・ASEANをはじめヨーロッパや北米などに輸出しています。

私たちの取り組みは、異業種連携による共同事業であることが大きなポイントです。結果を出すために、より多くの利益を出していくために、お互いに知恵を出し合っていく。この点が委託とは大きく違うところです。アイリスオーヤマのようにすでに世界で実績のある企業とコラボレーションすることで、コメを輸出できる競争力のある商品にすることも十分に可能だと考えます。

――アイリスオーヤマのほかにも、カット野菜を納める大手コンビニチェーン、関東の大手スーパーマーケット、東京農業大学生物産業学部など非常に優れたパートナーと提携されています。パートナーを選ぶ基準は何ですか。

私たちは自分たちのビジネスモデルを日本一の仕組みにしていきたい。今はまだ日本一でなくても、1年後にはそうなりたい。そのためには、自分たちよりもっと強い仕組みを持つ人たちと組む必要があります。つまり、その業界でナンバーワンの人たちです。

ナンバーワンの相手を前にすると、怖気づく人は多いかもしれません。ほとんどの人はナンバー3とか5の相手で手を打とうとします。しかし、ナンバーワンにはナンバーワンの未曽有の開拓精神がある。そういうスピリットを共有してやっていきたいのです。私はこれまで、ナンバーワンの相手にばかり体当たりで協力をお願いしてきました。最近は、ナンバーワン慣れしてしまったかもしれません。

自宅でオリジナルブレンド米がつくれる

――商品を選ぶ基準は何ですか。

お客さまが求めるものは、おコメの品種ひとつとっても、年々変わっていきます。嗜好の変化を敏感に受けとめながら、お客さまが求める品種を優先的に取り扱うようにしています。

これまでは、ひとめぼれならひとめぼれ、コシヒカリならコシヒカリ、と品種ごとに売っていました。「この品種をちょっとだけ食べたら、別の品種も食べてみたい」というニーズがあるので、ひとめぼれ、あきたこまち、コシヒカリ、ゆめぴりかなどを食べ比べできるセットや小容量タイプも販売しています。

こういう商品があれば、例えば家で手巻き寿司をつくるとき、「あき

アイリスオーヤマとの合弁会社、舞台アグリイノベーションの巨大工場。被災地である宮城県亘理町に立地する。

たこまち8割、ひとめぼれ2割のブレンドでやってみよう」とお客さま自身でスペシャルブレンド米をつくることもできます。従来のようなコストダウンによる「安さ」のアピールではなく、新しい食べ方や楽しみ方を提案する需要創造型の商品開発です。こうした提案が、コメの消費拡大にもつながっていくのではないでしょうか。

――そういった商品をつくるうえで、生産上の課題（ヒト・モノ・カネなど）は何でしょうか。

一番の課題は、農地不足です。とにかく農地を貸していただきたい。そのために、私たちは「所有権」「耕作権」に加えて、「やりがい権」というものを設定しました。

私たちは東日本各地で農地をお借りしています。ただ、すべての場所に舞台ファームの社員が出かけて行き、農業ができるわけではありません。そこでわれわれと同じ思いを持ち、農業に「やりがい」を感じていただける方に権利を持っていただき、お借りした農地を託していく。これが「やりがい権」です。やりがい権で当社と連携してくれる人を増やし、農地を増やしていきたい。

緑ナンバー取得で、農業物流に参入

――物流にも力を入れていらっしゃいます。

はい。現在、日本の農業会社では珍しいと思いますが、将来的に営業用トラックの「緑ナンバー」を取得しようとしています。

当社には冷蔵車が10台あり、常時5台が東北、さらには関東まで毎日往復して走っています。ただ、これまでは俗にいう「白ナンバー」(自家用トラック)で、自分たちの商品しか運ぶことができませんでした。例えば岩手県の北上には、取引先である大手コンビニチェーンのセンターがあります。そこまでの距離は約130キロ。行きはコンテナに商品を積んでいますが、帰りは空っぽです。仮に沿線上の農家仲間から「仙台の国分町で農産物を売りたいから運んでほしい」と頼まれても、舞台ファームが買い取らない限り、白ナンバーでは運べません。

農業の6次化が進み、自分たちで商品を売ろうという農家が増えるのは素晴らしいことです。けれども、物流を運送業者に頼らなければならないのは、運送コストが高くつきます。そうであれば、すでに自社物流を持つ当社が緑ナンバーを取得して、可能な範囲で物流ネットワークをつくり、意欲的な農家をフォローすればいいのではないかと。

補助金も成功報酬型にすればいい

――次から次へと新しいビジネスモデルを展開されていますが、資金調達についてどう考えていますか。

潤沢な資金が供給されるためには、自分たちがしっかりと利益を生み出す仕組みを持っていなくてはなりません。つまり、圧倒的な利益率が求められます。逆に言えば、利益を生み出す仕組みがあれば、資金調達はそう難しいことではありません。どの金融機関だから貸してくれる、ということでもないと思います。ビジネスモデルの構築こそが、資金調達の源泉です。

――農業には補助金もあります。

やっぱり、補助金というのはありがたいですよ。ただ、えてしてお金をもらえるような感覚になってしまうのが補助金です。お金の怖さを知らない経営者が受けると、どんぶり勘定で大変なことになってしまう。

だったら、いわゆる「人間特区」の考え方で、ミッションをクリアして成功した人に、成功報酬として補助金を支給するやり方にしたらいいと思うんです。何千万円の補助金をばらまくくらいなら、地域を巻き込んだ大型案件を成功させた人に、数億円規模の大型補助金を支給する。そうすれば皆、成功に向けて注力するでしょう。

もちろん、われわれにとっては大金です。しかし、数億円の事業が成功して、結果的に国民に安くいいものを提供できれば、補助金の使い方にも納得してもらえる。国も成功事例をつくることができる。成功報酬型の新しい補助金モデルはあってもいいのではないでしょうか。

――補助金は縛りもきついですね。

はい、規制がちょっと堅すぎます。決められた日付のあとでなければ施設をつくってはいけないとか、諸々の要件が厳しい。補助金を当てにするとスピード感が落ちるので、結局、補助金なしでやるケースも多いのです。書類を提出すればすぐ事前着工していいとなれば、もっとスピード感が出るのですが……。補助金での成功事例をつくっていくためにも、もっと柔軟な形に踏み込んでもらいたいという気持ちはあります。

豊かな生活を実現するための法人化

―― 会社のステージごとに、法人格へのこだわりはあったのでしょうか。

農業を個人で始めた当初は、法人組織にすると、自分で農作業をしながら同時に従業員の管理をはじめさまざまな付帯業務をしっかりと行わなければならない。それゆえ法人化は難しいのではと思っていました。

ただ、一方で、家族経営で農業をやろうとすると、畑仕事から出荷調整、配送まですべて自分でやらなければならず、根性での長時間労働にならざるをえない。生きるための農業のはずが、農業のために生きているような状態……。それも違うだろうと。

農業を営む者が、やりがいを感じながら所得とライフスタイルをバランスよく保つには、仕組みや分業で利益を出していくしかありません。たとえば、農場から最終工場まで一気通貫させてトータルコストを下げる。物流業に参入して物流費用をいただく。利益を出していくには、法人がいいと考えるようになりました。

また、会社は社長の持ち物ではありません。社長ひとりの生活をよくするために働くのではなく、会社がよくなるためにみんな働く。会社が利益を上げれば、社員の所得も上がる。社員が将来に希望を持って働けば、会社の業績はさらによくなる。一人ひとりの生活が豊かになっていくためには、会社組織であることが最も理にかなっています。

―― いま社員数は何人ですか。

成功報酬型補助金のイメージ

成功に向けた注力を促す仕組みとして、事業化に成功した場合に支給される補助金を提唱している。現在ではこのような仕組みはないが、柔軟な補助金モデルがあればビジネスの多様性に対応できる。

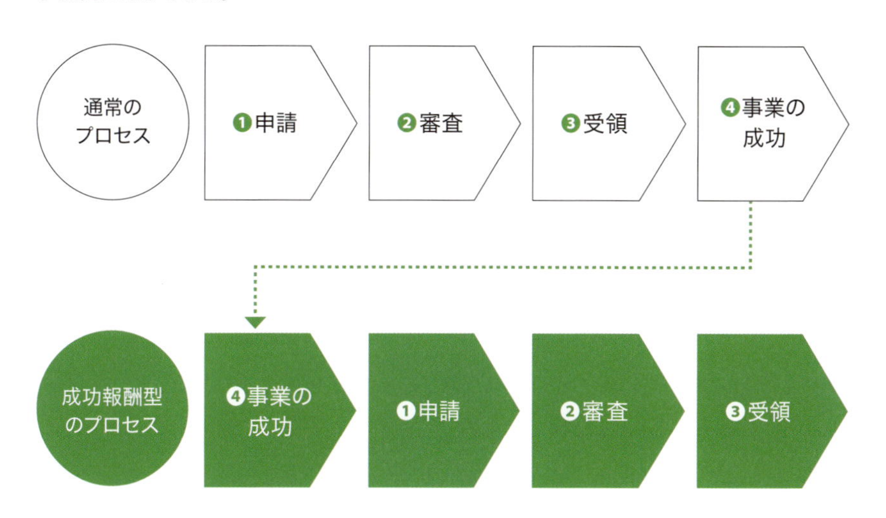

出所：対談をもとにトーマツ作成

舞台ファーム単体で50人。グループ全体で250人くらいです。かつては舞台ファーム1社ですべて対応していましたが、これだけさまざまな取り組みを行っていくと、社員の管理システムが複雑になってしまいます。事業へのガバナンスをしっかり行っていくことを目的に、旧舞台ファームの強みを切り出して、会社をいくつか設立してグループ化しました。震災復興の折であったこともあり、新規農業会社設立による固定資産税などの援助策の恩恵も受けることができました。

「舞台イズム」を全国に広める

―― 人材、後継者の育成は待ったなしですね。

農業の後継者不足の問題は、若い担い手が農業高校の在学中からとにかく働け、働け、と実践の場に放り込まれることが最大の要因ではないでしょうか。実践で経験を積むことはいいことに思えるかもしれません。しかし、実践で試行錯誤しながら技術やノウハウを習得していくのは時間がかかります。10年……、いや20年かもしれない。目の前にある人手不足になかなか対応できていないのが実情です。

そこで私たちがやろうとしているのは、コンビニ型の育成システム。コンビニ業界ではエリアを統括するマネジャーがいて、オーナーに対して地域特性に合った商品構成や並べ方を教育します。あれと同じように、舞台ファームが歩んできた20年の経験を若手に一気に注入する。そうすることによって、10年かかっていた技術やノウハウの習得を、4～5年に短縮しようというわけです。

名づけて「グリーンカラー育成システム」。ブルーカラーでもなく、ホワイトカラーでもない。農業の専門知識を持ちながらも、製品原価計算やマーケティング・営業に優れ、かつ農場のオペレーションもできる農業経営者。こうした「グリーンカラー」を育成していこうと考えています。

すでにグリーンカラー候補者の受け入れを始めています。舞台ファームと連携する農業者の息子さんで、農業高校を卒業したばかりの若者が昨年春、舞台ファームに就職しました。3年ほど社員として働きながら、農業のイロハを勉強してもらう。その後は実家の農家に戻って、ここで学んだ「舞台イズム」を実践してもらおうというわけです。

―― グリーンカラー候補となる若者をどう確保していくかも課題ですね。

そうです。これからの農業には多様な人間が必要です。現場を担う人、現場を管理する中間管理職、戦略を立てる経営者や取締役。これまでの農業はすべて1人で担っていたので、能力に限界がありました。農業にも経営の視点を入れるなら、この3階層は必要。それぞれに相応しい人材を投入していくべきです。

―― 人材確保のための取り組みはありますか。

舞台ファームに就職してみたい、と思ってもらえる会社になること。それにはまず、働く人の環境整備が不可欠だと考えています。農業というと、仕事はきついけれど給料は安い、退職金も出ない、というイメージが強い。実際にまだそういった側面もあって、2次産業や3次産業では当たり前の「ワークライフバランス」が実現できていません。

働く人が満足する給料と休日、そして退職金。これらを日本の農業会社のなかでいち早く実現させたい。そうすることで社員に長く会社で働いてもらえるし、新しい人にも来てもらえると思います。

社会の課題に対応していくには、組織も新陳代謝していかなければなりません。農業にもICT活用が求められる今、ICTに強い人材も不可欠です。多様な分野から人を集めるためにも、物心両面で満足してもらえる会社にしたいと思っています。

また、人材育成事業としては、2016年度には宮城県美里町から委託を受け、地元の2つの集落営農組織に対し、法人化に関するコンサルティングも行っています。法人化と一口に言っても、なかなか集落営農組織自身だけではまとめるのが難しい場合も多い。集落営農に加盟している農家の皆さんの「合意」を得ることが一番難しいのですが、今回、成果として2つの集落営農とも、「農家全員が法人化に賛成」となり、今も法人化へ向けて前向きに進んでいます。町長をはじめ町役場のご担当の皆さま、県の農業技術支援の方にも、たいへん大きなご尽力をいただきました。農業者の皆さん、行政の皆さん、そして私たちと、三位一体となって全員で丁寧に取り組んだ結果だと思っております。単なる口だけのコンサルティングではなく、われわれは農業者に親身に寄り添って、また販路もしっかりと考えていく「実践型コンサルティング」としてグリーンカラー人材(農業経営者)の育成に努めていきたいと思います。

ドローンスクールをスタート

――ICTの話が出ましたが、ICTの活用についてはどう考えますか。

ビッグデータを駆使して、日照時間、降水量、水温、あるいはハウスの温度管理をしっかりやってスマートアグリを取り入れることは、とても大切だと思います。ただ、農業を実践している方がICTをまったく理解できていません。植物工場とか密閉工場の農業が最新だと錯覚し、それをさらに効率的に、また最大限に活用するまでには至っていないのではないでしょうか。農業を次世代にバージョンアップするためには、ICTを高度利用することが大前提です。

なかでもAIはものすごいパワーになると思います。農業の管理システムがAIに置き換わったら恐ろしいことになるでしょうね。徹底的に効率化されたビジネスモデルがつくられて、それを人間にやらせて、できる人間とできない人間が整理されていく。できる人とだけ一緒にやりましょう、という話になっていくのではないでしょうか。

――ドローンの活用も増えていきそうですね。

ドローンは、農業分野において肥料や農薬の散布、作柄の状況確認など利用範囲がどんどん拡大していくと思います。関連会社にて「ドローンスクール」を開校いたしました(SENDAIドローンファーム)。JUIDA(一般社団法人日本UAS産業振興協議会)の認定資格を付与されているスクールです。認定スクールで既定の科目を修了した方は、

大型水耕栽培施設での栽培の様子。

「JUIDA操縦技能証明証」が交付されます。若い農業者の皆さまに、前向きに取り組んでいただければと考えています。

また、私たちは今、「日本一のコメの匠」と称される遠藤五一氏と栽培技術指導の契約をしています。遠藤五一米のつくり方をデータ化して、次世代につなげていこうとしています。

——経験主義的な農業を、ノウハウの確立によってチェーン展開する方向へ向かっているのですね。

そうですね。全部私たちが独占するのではなく、このモデルを皆さんにお示しして、それが波状的に広がっていくのが理想です。全国の農家仲間に成功事例をどんどんつくっていただいて、地産地消のなかでそれが広がっていく形だといいですね。

まとめ

舞台ファームは農家の15代目である針生社長を中心に新しい農業の形を模索しながら「伝統と革新」を追求しています。3.11の震災で甚大な被害を受けながら再生に成功し、他社を徹底的にベンチマークし、自社に取り込む手法で新しいビジネスモデルを生み出しています。「赤ちゃんが食べても安全、安心な農産物を、農場から食卓へ」というビジョンを実現するためにコメと多品目野菜を加工すること（カット野菜）にも参入し、おいしいご飯、おかず、飲み物を三位一体で提供する「食卓イノベーション」を戦略として掲げています。

3.11の震災からの再生を糧として黒字転換をノウハウ化、および他社の徹底的なベンチマークによる自社への取り込みにより、オリジナルのビジネスモデルを構築しています。また、マーケティングとオペレーションを横串にするために「MO本部」という組織を設けていること、および各部門の責任者が集まり方向性を決める「プレゼン会議」を毎週実施しているのもシームレスかつ機動性の高い組織運営の根幹を成しています。

成長戦略として、社長を補佐する人材の育成のみならず、社長自身が日々努力し、勉強することの大切さを指摘しています。

舞台ファームの戦略は1次～3次まで一元的にマネジメントする仕組みを構築することです。1次産業領域では1品目に特化せずに多品目を取り扱っていますが、特に2次の加工領域の競争力で差別化をしています。

例えば、農産物についてはカット野菜用を中心に取り扱い、小売業向けのカット野菜シリーズを高い加工技術で提供するなど、農業法人の中では稀有な存在です。まさに「畑の中のカット野菜」というコンセプトでほかのカット野菜ベンダーと差別化をしています。

アイリスオーヤマの販路を生かし、さまざまな品種のコメを少量ずつ試すことができる小分けパック販売で消費者の食習慣の変化に対応している。

また、コメについても、アイリスオーヤマと舞台アグリイノベーション（ジョイントベンチャー）を設立し、15℃以下の低温製法（低温保管・低温精米・低温梱包）でおいしさを保ち、小分けパックで食習慣の変化に適合する戦略をとっています。

バリューチェーンの構成は、「多品目×フル・バリューチェーン（1次～3次まで一気通貫）で収益化」「規模を実現するためにB to Bをベースに B to Cを上乗せ」「事業のレバレッジを効かせるために大規模資本とのパートナーシップ」、により農業のビジネス化を実現しています。

多品目×フル・バリューチェーンは、農業は一領域での利益率が非常に低いため、複数の領域で収益の積み上げを狙っています。例えば、6次化で道の駅でドレッシングを販売しても数百万～数千万円の事業規模と、ビジネスの規模が小さいため、B to Bの億単位のビジネスを

Ⅰ 戦略

❶ ビジョン
- 赤ちゃんが食べても安全で安心な生産物を農場から食卓へ（社是）
- 食卓イノベーション（おいしいご飯、おかず、飲み物を三位一体で提供）
- 理念として掲げることで自分たちも改めて基本に忠実にやっていこうという気持ちになり、対外的にも理解してもらいやすくなることがメリット

❷ ターニングポイント
- 「3.11（震災）」が絶対的なパラダイムシフト
- 多くの関係者に「舞台ファームは残すべき農業会社」として支援してもらい、再生
- 結果として、赤字体質から黒字転換へのひとつの指針に

❸ ビジネスモデル
- 同業異業種問わず「TPP×A」（徹底的にまねて、アレンジする）
- 成功者からの学びを舞台というプラットフォームにプラス

❹ 成長戦略
- 人材育成（社長の補佐人材＋社長自身）
- 横串組織のMO本部
- フランチャイズで食卓全体をカバーするサプライチェーンの実現

Ⅲ 管理／人・組織

⓫ KPI
- 単体で売上22億円（2016年）をグループで100億円（2019年）
  ※フランチャイズ方式で、1億円／農業法人×100社を創出し、ネットワーク化

⓬ 資金調達
- 利益創出の仕組みがあれば資金調達は難しくなく、ビジネスモデルが資金調達の源泉
- 成功報酬型で新しい補助金を支給するやり方を提案したい（人間特区という考え方）

⓭ 法人格
- 個人農家→有限会社→株式会社と変遷
- やりがいと所得とライフスタイルのバランスには仕組みや分業での利益創出が必要で、法人形態が必要

Ⅱ バリューチェーン

❺ バリューチェーンと商品

- 1次～3次までを分けていても利益は出ない
  →一元的マネジメントで「仕組み」として構築することで利益を創出
- 商品の見せ方での付加価値化といった目先の差別化は志向せず
- 需要創造型商品

❻ 生産

- 農地不足が課題
  →所有権、耕作権、やりがい権の設定

❼ 販売

- スーパー、コンビニのB to Bをベースに B to C へ展開

❽ 物流／設備

- 緑ナンバーを取得し自社物流で他社の荷物も運搬も計画
  (物流ネットワークで農家をフォロー)

❾ パートナー

- 共同事業であること
  (委託ではない)
- 業界ナンバーワンと組む

❿ グローバル

- 農家はインポーター・エクスポーター事業はできないので、打ち上げ花火にはなってもビジネスにはなりにくい。「他社と組むこと」がカギ

⓮ 人材

- コンビニ型の育成システムの構築
- グリーンカラーの育成
  (農業の知識＋会計やマーケティング力なども備えた農業経営者人材)
- 実践型コンサルティング

⓯ IT／レギュレーション

- ICTは重要だが農業者はICTを全く理解できていないのが現状
- ICTの中でもAIは効率化に大きく寄与する
- ドローンスクールの開校、肥料・農薬の散布、作柄の確認などに利用範囲は拡大傾向

志向しています。パートナーシップも共同事業であることを前提に業界ナンバーワン企業を選択するという考えで組んでいます。これはトップランナーには理由があり、この秘訣を学習し自社の組織能力の向上も狙っています。

グローバル化については、農家単独では、インポーター・エクスポーター事業はできないと考えています。そのため、打ち上げ花火にはなってもビジネスにはなりにくいので「他社と組むこと」がカギとなることを指摘しています。

上記を実現するために、法人格も個人農家→有限会社→株式会社と変遷、ビジネスモデルを確立することで資金調達を容易にすること、人材については、農業経営のスペシャリストとして「グリーンカラー人材」の育成が挙げられます。具体的事例として、地元の集落営農組織の法人化のコンサルティングを通して、グリーンカラーの育成に取り組んでいます。

ITは、今後、効率化には必須な要件となるため、AI、ドローン等の活用にも積極的に取り組んでいます。特にドローンはドローンスクールの開校など具体的な取り組みが始まっています。

Chapter-4

中国産は敵にあらず。九条ねぎで2000億市場にチャレンジ

こと京都株式会社 ● 京都府京都市

こと京都の山田敏之社長がアパレル関係の仕事を辞め、父親について農業を始めたのは1995年。「年商1億円」の目標を立てて就農。あまりの収入の低さに驚き、少しでも効率が上がるようにと周年栽培ができる京野菜の九条ねぎ（青ねぎ）に作物を絞った。それが農業法人「こと京都」の飛躍の転機となった。カット加工に取り組み、営業畑で培った販売力、情報力を発揮して売上を伸ばす。「3億円ぐらいまでは勘と度胸」の経営だったが、中小企業家同友会のセミナーで経営の基本を身につけた。2016年度の売上は15億円を見込む。いかにして「脱サラから年商15億円」の農業経営者への階段を上ったのか。その方法をじっくり聞こう。

一番の強みは「味」

――いまふり返って、こと京都が飛躍したターニングポイントは何でしたか。

就農直後に掲げた「年商1億円」を達成するために、どうすべきかだけを考え、いろんなことにチャレンジしてきました。ラーメンブームが起きた2000年代初頭、ラーメンにすぐのせられるよう加工したカットねぎを始めたのが大きな転機でした。

私が営業したのは、地元の京都ではなく、関東のラーメン店。もちろん京都にもラーメン店はたくさんありますが、京都人は他人の商売の邪魔をするのが苦手なんです。カットねぎ、ラーメンブーム、関東。この3点セットが功を奏して、翌年から年商が6000万円、1億、2億と増えました。

年商3億円くらいまでは「勘と度胸」の経営だったと思います。ねぎのほかにも、養鶏や菓子店にも手を出し、経営は迷走しました。先行きに不安を感じたとき、中小企業家同友会の経営指針書をつくるセ山田敏之（やまだ・としゆき）●こと京都株式会社社長。1962年、京都府京都市生まれ。大阪学院大学商学部を卒業後、約8年のアパレル企業勤務を経て就農。2002年、有限会社竹田の子守唄を設立、のち07年にこと京都株式会社に組織変更を行う。14年にこと日本株式会社、15年にこと京野菜を設立。現在、日本農業法人協会副会長、日本食農連携機構理事、京都府農業経営者会議会長などを兼務する。著書に『脱サラ就農、九条ねぎで年商10億円』がある。
こと京都 http://kotokyoto.co.jp/

こと京都株式会社●2007年、京都府京都市にて設立。02年設立の有限会社竹田の子守唄が前身。売上高は11億6000万円（2016年12月期単体）、従業員数はグループ全体で142人。九条ねぎの生産・加工・販売を主力事業とし、ほかにも採卵養鶏や京野菜などの卸・通信販売などを手がける。食品の冷凍技術に長けている岩谷産業とねぎの冷凍加工にも取り組んでおり、高付加価値ねぎの海外展開における差別化を検討している。

ミナーを受けました。半年間みっちりと経営の基本的な考え方を学び、これが経営者の仕事かと目からウロコが落ちた。これが2度目の転機です。

このときSWOT分析（強み、弱み、機会、脅威の4軸で評価する手法）を通してわかったのは、京都産の九条ねぎの生産こそが自分たちの強みだということ。一方、2008年の中国製餃子の中毒問題で、食の安全意識は高まっていました。けれども業界の意識は相変わらず低いまま。であれば、食の安全を徹底した者が勝てる——。2010年、売上3億円の段階で4億円を投資し、衛生環境を整えた加工工場を建設しました。それ以降、目標を「年商10億円」に引き上げました。

――なぜ九条ねぎが強みになると思ったのですか。

九条ねぎは味がいいんです。いま、すべての野菜生産の約65％が加工品で、国も加工を奨励しています。ですが、安く大量につくって利益を出すため、ほとんどの生産者が味を追求していません。味のいい九条ねぎで、ある程度の物量、安定的な出荷、安定価格の3条件をクリアすれば、十分に勝てると読めました。

2016年は九条ねぎを1000t出荷しました。これは九条ねぎ市場では約20％のシェアを占めます。一方、10万tという青ねぎ市場全体ではわずか1％にすぎません。ただ、われわれに勝ち目がないかというとそうでもなく、シェアの大きな生産者をみても、年間を通して安定的に出荷している生産者はほとんどありません。私たちは現在、安定的な生産を目的に、ほかの九条ねぎ生産者と「ことねぎ会（こと京都にねぎを納める、伝統野菜を守る生産者ネットワーク）」を結成しています。われわれの生産者ネットワークが味を追求しながら青ねぎ市場の10％でもシェアを取れば、利益の出る仕組みが確立すると考えています。

16年には、こと京都の九条ねぎを「こと九条ねぎ」として再ブランド化しました。というのも、現状「九条ねぎ」と呼ばれているものは、品種改良が進み、本来の九条ねぎから随分離れたものも多いんです。私たちは原種に近い品種だけで生産した「これぞ九条ねぎ」といえる商品を提案し、差別化を図っていきます。

――「京都産」というブランドの強さもありますね。

はい。ただ、これまでは生産量が少なく、商売になりにくかった。それを私たちが物量を増やし、安定供給させてメニュー化し、広く使いやすいものにしていったわけです。今は産地表示などで京都ブランドの強みをフル活用しています。

安い中国産も脅威にあらず

―― これまでで最大の危機は何でしたか。

最大の危機は、「3.11」東日本大震災です。その直前に、大規模投資で加工工場を建設し、スーパーにも新工場で加工した商品を持って営業に回り、4月から本格稼働を予定していた矢先のことでした。震災の影響で8月頃まで出荷がストップ。東日本の産地は潰れて、関東のラーメン店は計画停電で営業すらできない。あれは痛かったですね。

不運は続くもので、その年の11月は雨がまったく降りませんでした。12月に寒波が襲来し、翌年の1月には80cmぐらいに成長しているはずのねぎが、40cmぐらいにしか伸びなかった。お得意先さまには大変ご迷惑をおかけしました。

―― それは大変でしたね。脅威と言えば、安い中国野菜は脅威ではなかったのですか。

それはよく聞かれます。でも、私たちが始めたときにはすでに安価な中国野菜が流通していました。だからこそ、中国野菜は入り込めないグルメラーメンに狙いをつけたんです。それに例の中国製餃子の中毒問題で中国野菜は大打撃を受け、脅威ではなくなりました。

全国のねぎ農家を指導する人材育成が急務

―― では、現時点で経営上の課題は何ですか。

やはり一番の課題は人材の育成です。九条ねぎの生産については、先ほど話した「ことねぎ会」に研修生が13名いて、いずれ育っていきます。彼らが売上規模拡大に貢献してくれると期待しているので、生産に関しては心配していません。

こと京都とは別に、日本全国の青ねぎ、白ねぎ、すべてのねぎ生産者をつなぐ日本のねぎ専門商社「こと日本」を立ち上げました。こと日本は、ねぎ市場のシェアを狙うための会社で、無理に利益を追求するわけではありません。利益が出たら、むしろ生産者からの買い上げ単価を引き上げたいと考えています。今後、こと日本を全国展開するうえで、全国の生産者を指導してまわる人材の育成が急務です。こと京都では毎年、13～14人を新たに迎え入れて、人材を厚くしているところです。

――「こと京都」という社名にも会社の思いが表現されているように、自社の目指すべき方向性やビジョンを積極的に発信されています。理念やビジョンを設定することの効果をどう感じていますか。

理念とは、社長の考え方であり、会社のあり方です。ビジョンは会社が目指す方向性です。しかし、社長だけがわかっていて、社員はわかっていないというのはよくあること。そうならないように、言葉で表現し、社内で共有しておくことは大切です。

また、社員が増え、いろんな価値観や考え方の人が一緒に働くようになるにつれ、社内をひとつにまとめる共通言語が必要です。基本に帰れ、原点に戻れ、というのは理念で示すしかありません。求心力を保つためにも理念は絶対に必要です。

京野菜の冷凍事業に参入

――今後の自社の成長戦略をどのように描いていますか。

2016年、冷凍京野菜事業に参入しました。これが九条ねぎやほかの

拡大したねぎのビジネスを他品目へ展開することを計画中

日持ちの面でハンディを持つ京野菜を冷凍加工することによって、用途・販路の飛躍的拡大に成功。その味を広く楽しんでもらう素地を創出した。

〈凡例〉
現在 ■ 将来 ⬚
※数字は展開の順序

生産品目 × 事業領域（ヒアリング時点）

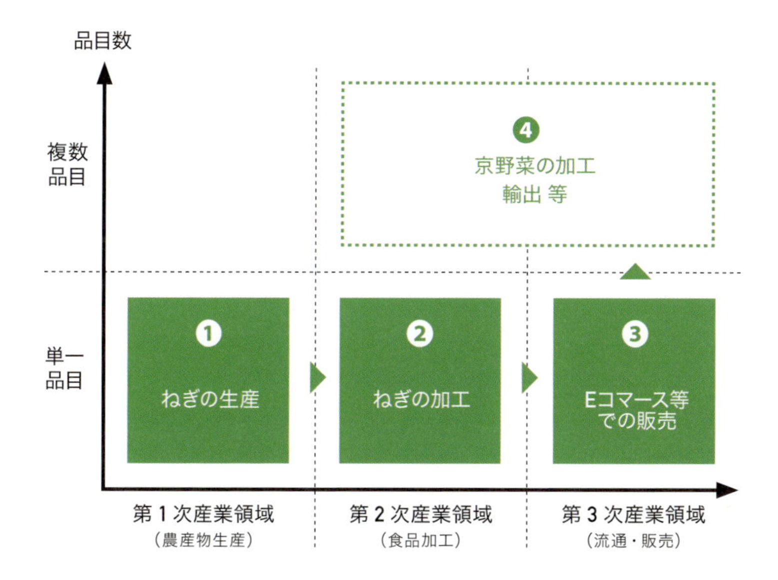

出所：対談をもとにトーマツ作成

京野菜の消費拡大につながる重要な要素だと思っています。

白ねぎと違って、青ねぎは日持ちしません。たくさん買っても腐らせてしまうので、これまではメニューを多く出せませんでした。ほかの京野菜も同じです。たとえば賀茂なす、鹿ケ谷かぼちゃ、京たけのこ、聖護院だいこん。これらも旬の時期が短く、物量も少ないため、ほとんど出回っていませんでした。

冷凍技術を使えば、野菜を旬の状態のまま、長く流通させることができます。売上が伸びれば、生産量も増えていく。これまで料亭でしか食べることができなかった京野菜を、より多くの皆さんに食べてもらえるようになるはずです。

ごく少数の農家が種を守ってきた絶滅寸前の京野菜も20種類くらいあります。こういった伝統野菜を発掘して、冷凍技術を使って世の中に広げていくことも考えています。夢のある話だと思いませんか。

―― とてもおもしろそうです。仮に今の戦略の延長線上ではなく、10年後に500億円を目指すとするなら、どんなブレークスルーが必要でしょうか。

2019年に静岡県磐田市に大規模な加工工場を建設予定です。京都と磐田の東西に加工拠点ができれば、ねぎ専門商社の「こと日本」が白ねぎを含めた全国展開を進められる。そうなれば、ねぎの仕組みをほかの品目でも展開できます。500億円も夢ではないと思います。

―― KPIは何を設定していますか。

こと京都は営業利益率10％を目指したい。こと日本は2～3％くらいでいい。その分、買い上げ単価を高めたい。

―― こと京都の利益率10％というのは、かなりアグレッシブな目標設定ですね。

10％は、経営者の夢です。こと京都は京都産の九条ねぎに特化しているので、売上規模はせいぜい20億円、30億円が限度です。売上拡大を狙うよりも、「こと九条ねぎ」としてブランド力を高めて、利益率を上げていく方向です。

高く売るための6次化

―― 事業領域をどこまで拡大するかも、農業経営者の方々が悩むポイントです。山田社長はどのようにお考えですか。

本社にほど近い市街地近郊において、自社圃場である青々としたねぎ畑が広がっている。

私たちが取り扱う九条ねぎの加工品は、カットねぎをはじめ、粉末ねぎ、乾燥ねぎ、チップねぎなど増えています。ただ、九条ねぎはまだまだ広く使われているわけではないので、あらゆる加工に取り組んで用途を広げていきたい。目指すは、九条ねぎ市場のシェア30%を取ること。そうすればこの領域のトップに立てます。今後力を入れていく冷凍加工で、シェアがどれだけ伸ばせるかが楽しみです。

――6次化は積極的に進めていく考えですか。

6次化というと、加工に目がいきがちですが、私は売り方だと思っています。つまり、今の売り方よりも単価を上げることができるかどうか。それが6次化の本質です。そもそも加工工場を建てるには大規模な投資が必要です。売り方を変えずに加工を始めても、利益は期待できません。

単価を上げる方法として、農産物のブランド力の向上をまずは考えるべきでしょう。ブランド力が上がれば、競争力が増し、加工しても売れます。

もうひとつ、私たちが考えているのは、重さ単位での売り方からの脱却です。つまり、農産物をグラムいくら、キロいくらで売るのではなく、1メニュー・1単価で売る。たとえば、店で食べる賀茂なすの田楽が700円とします。店ですぐ調理できる状態に加工冷凍した賀茂なすを提供すれば、150円で売れるかもしれません。加工することで、重さ単位ではなく、メニュー単位に売り方を変える。これまでとはまったく違う領域の勝負になっていくでしょう。これを京野菜で行えば、卸売相場に振り回されることもなくなるはずです。

冷凍技術が海外展開の切り札

―― 海外展開は考えていらっしゃいますか。

国内の白ねぎ、青ねぎを合わせたねぎ市場(40万t)は、過去10年をみてもほとんど変わっていません。国内全体の食料費が減るなかで、ねぎ消費の割合はむしろ増えています。もし将来的に人口減少でねぎ市場が縮小したとしても、私たちが取り組んでいる仕組みで市場シェア10%を押さえることができれば、十分に利益を出していける。今は海外に出るよりも、国内でビジネスを確立させることを優先させていく考えです。

TPPも議論になっていますが、ねぎに関しては、さほど影響はないと見ています。輸入先はほとんどが中国で、量も5万tとそれほど多くはありません。むしろTPPでコメ農家さんがねぎの生産に参入してくるだろうなと推測しています。

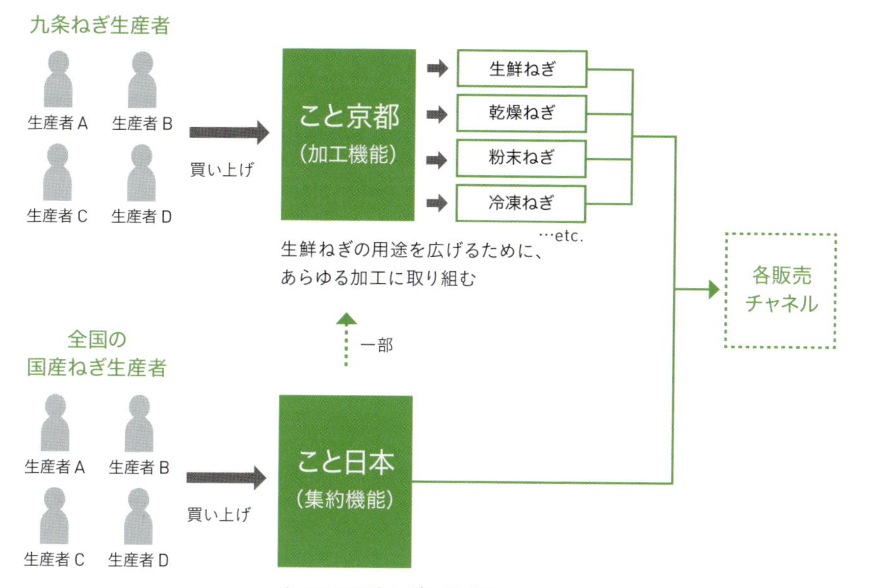

出所：対談をもとにトーマツ作成

――冷凍加工では、岩谷産業と共同出資で会社を設立されました。岩谷産業の冷凍技術「フレッシュ・アイ製法」を採り入れて2017年から製造出荷を始めるそうですが、パートナー企業を選ぶ基準はありますか。

岩谷産業さんの冷凍技術には興味がありました。また、食品事業を真剣に展開したいという先方の思いも伝わってきたので、一緒に手を組んでやっていこうと思いました。

この冷凍技術でつくった冷凍九条ねぎなら、海外ビジネスにも耐えられそうな手ごたえがあります。先ほど述べたように、海外よりもまずは国内優先の方針に変わりはありませんが、海外の和食人気は高く、京野菜を使いたいという要望も多い。実際に、東南アジアのアッパーゾーンの店では、築地から九条ねぎを仕入れているケースもあるようです。でも、航空便のため値段が高いうえに、半分は腐らせて捨てているという話です。それゆえ冷凍のニーズは非常に高いと見ています。また、岩谷産業さんがグローバルに展開する海外拠点にも魅力を感じています。

お互いの強みを持ち寄って、ビジネスをより発展できる相手と組むのはいいと思います。連携によるメリットがあるなら、相手にきちんと条件を伝えて確認することが大切です。しかし、自社だけでも十分な技術や資本があって、知識があれば、他社と組む必要はありません。大企業が相手だと決裁に時間がかかり、スピードが遅れることもあるからです。

卸相場に一喜一憂しないための仕組み

――多くの農業経営者は、品目ごとのポートフォリオに頭を悩ませています。価格の変動に対して耐性をつけたいと苦労しています。たとえば収益を安定させるための、ねぎと京野菜の売上バランスについてはどう考えていますか。

京野菜は別会社での取扱いのため完全に切り分けており、ねぎとの売上バランスは特に考えていません。

価格変動への対処法で言えば、先ほど触れた1メニュー・1単価の販売方法もそのひとつです。注目すべきは、変動する市場価格ではなく、出口である消費価格です。実際、卸商が実需者に年平均いくらで売っているのか。その単価を押さえて安定的に供給すれば、市場の変動に悩まされることはありません。

大事なことは、生産者の責任領域をどこに決めるかです。「これだけの物を、これだけの値段で納めます」と責任を持てば、契約は成立します。市場の相場に一喜一憂することはないわけです。

こと京都の経営理念と社名の由来

経営理念	
農業生産法人として人、自然に感謝し、心豊かに社会貢献します。	
1	私たちは、自然に感謝し、食の大切さを守り農業を発展させます
2	私たちは、人に感謝し、社員とその家族が幸福に生活できる企業にします
3	私たちは、すべてに感謝し、関わった人、地域に喜ばれる企業を目指します
4	私たちは、社会に貢献するため心豊かに仕事をします

－こと京都株式会社－社名の由来	
こと京都 京都をテーマにこと（古都・事・言）を発信します。	
1	古都 京都の昔ながらの良いところを発信します
2	事 ものだけの販売でなく、事（ストーリー）を提供します
3	言 売ることだけでなく、伝えることに重点を置きます

出所：こと京都 web サイトをもとにトーマツ作成

―― 農地の確保がどの農業法人でも問題になっていますが、こと京都ではどう対応していますか。

農地は京都市と亀岡市と美山町の3つに分けていますが、亀岡、美山は耕作放棄地が増えているので、借りやすい状況です。

美山では2016年からコメ事業を始めました。ただ、これで大儲けするというよりも、社会貢献的な意味合いでやっていければと思っています。

―― では、生産領域の課題は何ですか。

農産物の安定供給が一番の課題ですが、現状ではほぼクリアできています。こと京都にねぎを納める生産者でつくる「ことねぎ会」のメンバーが、それぞれ生産計画を立てます。そのなかで月によって多い、少ないがあります。京都では、9月、10月、1月、2月はねぎができにくい。そこで足りない分を「こと京都」が埋める生産体制です。あらかじめ不足を見越して多めにつくるため、つくりすぎて廃棄されることもあります。でも、安定供給のためなら、ロスが出るのも承知でつくっています。

研修生や大規模農家はほぼ計画どおり生産してくれますが、個人経営の農家などは、「ちょっと葬式があって」と平気でひと月ずらすこともある。個人的事情で左右されるのを防ぐために、計画どおりの生産を守れた場合は単価を高くし、守れなかったら安くする。がんばった人がちゃんと儲けられるような仕組みにしています。

強いて言えば、余分につくりすぎた場合の廃棄ロスが生産上の課題と言えるかもしれません。ただ、この廃棄ロスも、今後は冷凍加工で解決できると考えています。

食の展示会で情報収集

―― 販路についてはどうでしょう。ラーメン屋さん、料亭さんなどBtoBが主体のようですが、どのように販路を開拓し、どんな取引先とお付き合いしているのでしょうか。

販路の情報は、東京ビッグサイトや幕張メッセなどで開催される食の展示会への出展をとおして集めています。あれが一番いい情報収集手段だと思います。食の展示会には、新たな食材や情報を探し求める業者が集まってきます。どこが興味を持っているかも年によって変わります。販路拡大を求めているのであれば、食の展示会で生の声を聴くべきですね。

―― いろんなお客さんと付き合ってきて、取引相手に選ぶ基準はあ

りますか。

相手が短納期を迫ったり、急に物を納めてほしいと要求したりしてきたら、「急ぎの場合は1.5倍の値段ですよ」などと話し合いで解決すればいい。嫌ならやめればいいんです。一番困るのは単価さえ安ければいいという相手。そういうところとは話をしません。

実際、こと京都は、一緒に組みたいと言ってくれる相手としか取引しません。国産で、おいしくて、安全・安心でという部分を大切にしたい方々と組みます。先般、グループの国産ねぎ専門商社である「こと日本」の展示会も開きましたが、「ここは一体、なんぼの価格で出してくれるのや」と聞かれたら、どうぞお引き取りください、です。いまでもそういうケースがあります。価格しか見てないところとは付き合いません。

―― 産地やネットワークが広がってくると、拠点倉庫や集荷場を含めて物流の問題が浮上してきます。

当社は全国にそれなりのネットワークを張っているため問題ありませんが、これから始める場合、少量なのに最初から「全国をカバーします」と背伸びするのではなく、行ける範囲を確実にやっていくのがいいと思います。地域の物流会社ができる範囲だけ配る。生産者の都合で「このエリアしか配送できない」と決めてもいい。あるいは「商品コストはこれ、物流コストはこれです。物流コストを割り引く代わりに、取りに来てもらっても結構ですよ」と交渉するのもアリでしょう。

農業もビジョンが問われる時代

―― 金融機関とのお付き合いについてお聞きします。農業法人にとって、資金集めが悩みだという声も聞きます。

いまは、あらゆる金融機関が農業に貸そうと動いています。日本政策金融公庫も、担保よりも、その人のビジョンや人となりで金を貸す仕組みをつくっています。逆にいえば、いくら担保力があっても計画のないところは借りにくい。ビジョンや人物が問われます。ただ、そうは言っても、農業でどんなビジョンや計画がいいかを一概には言えません。若い農業経営者が借りたい場合、追い風が吹いているのは事実です。

—— 一方で、助成金や補助金もキャッシュフローの面では重要ですね。

補助金については、6次化などの新しい事業に対して出すものが多いですね。でも、私たちが最初に4億円を加工工場に投資したときは、ほとんど補助金をもらっていません。施設に関する補助金は、申し込んでから支給されるまで時間がかかりすぎるのが難点です。事業が1年も遅れることになり、やめました。ただし、最終的に機械を導入したとき、合致する補助金を4000万円ほどいただきました。

ある地域では補助金のメニューを見てから事業を考える農業経営者が多いと聞いて、驚きました。それは順番が逆です。事業プランを立てて、それに合致する補助金があれば申請する。それが正しい補助金の使い方です。

そもそも京都市、京都府は農業があまり盛んではないため、補助金の枠も少ない。私たちは補助金なしの前提でプランを考えました。先に補助金メニューを見てこれやろう、あれやろうと決めていたら、絶対に失敗していたと思います。自分のビジョンなり方向性が先で、それにハマった補助金があれば使うべきですね。

—— 組織形態はどのようなものが望ましいのでしょうか。個人の農家さんもそろそろ株式会社にするのか、農事組合法人にするのがいいのかと思案しておられます。

本社に併設された加工場の様子。

規模を拡大したければ株式会社で、現状維持なら現状でいいのではないでしょうか。地域の集落を守るためだけで農業を続けるのなら、わざわざ法人に変えなくてもいい。個人で拡大する気もないのに法人格にするのはどうかと思います。もっとも、所得税は増えて、法人税が減っていく傾向なので、そのあたりのバランスは見ていかなければいけないでしょう。

―― ずっと有限会社のままのところもありますが、有限と株式の違いはありますか。

特にないと思います。有限会社は、2006年に廃止されてから希少価値が出て、プレミア感があるのかもしれませんね。当社は「こと京都」に名前を変えたタイミングで有限会社から株式会社にしましたが、取引先からみたイメージの違いも特にないと思います。

大企業が来る前に環境を整えたい

――どこの農業法人も人材の確保を重要視しています。どんなタイプの人が農業経営に向いているでしょうか。

私自身は、農業にはこういう人、工業にはこんな人が向いているというのは、ないと思っています。その人がどう取り組むかだけです。向上心があるか、ないか。少しでも農業に興味があれば、採用上の一要因になります。あとは挨拶、礼儀、笑顔、元気、そして向上心があればいい。

農業を目指す人のなかには、営業や加工が嫌いという人もいます。だけど、うちにくれば社員なので全部やってもらいます。

――入社後の社員教育はどのようなことに取り組んでいますか。

まず経営理念を理解し、共有するところから始まります。2カ月に1度は外部からのコーチングを受けてもらい、年に2回は個人目標に対する達成度合いを評価する面接を行っています。自己啓発の習い事に関しては補助もしています。

社員とのコミュニケーションを図るため、社員全員で年3回会食したり、家族を招いての懇親会を随時行ったりしています。また社員やその奥さん、子ども、ご両親にも、誕生日にはお花を贈るようにしています。社員の家族からすれば「なんで会社から花が？」と驚かれるけれども、社員とその家族に喜んでもらえるのが何よりうれしいですね。

――生産者グループの「ことねぎ会」の研修生に対する教育はどのようにしていますか。

研修期間は5年です。最初の2年で体力をつけて、残りの3年で事業計画を組んで、生産体系を覚える。5年目に独立後の具体的な計画を組んでもらって、独立後は、その人がつくったものは基本的には「こと京都」が全部買い上げます。それによって、収入が安定し農業で自立できれば、やりたい農業に向かえばいいと考えています。

九条ねぎの売上30億円を達成するには、3000tの生産が必要です。現在は1000tなので、あと2000t。この差を埋めるために、ことねぎ会の卒業生をどんどん輩出していきたいですね。

―― 農業のICTについて伺いたいのですが、農業でもドローンなどのロボットを活用して作業効率を向上させるという動きがあります。山田社長はこれらICT関連の可能性についてどのようにお考えですか。

現状では露地栽培が中心なので、ロボット等で省力化を図るには限界があると考えています。ですので、今のところは積極的に取り入れていくという考えはありません。ただ、IT企業と連携してオリジナルのシステムを検討する、などは取り組んでいるところです。

―― 最後に、ぜひお聞きしたいのですが、農業で儲けるために一番重要なポイントは何でしょうか。

九条ねぎに関していえば、いまがタイミングだということです。本当にいまが勝負時。だから投資しています。企業も、いまどんどん入ってきています。早くやらないと市場を取られてしまう。大企業が九条ねぎを取りに来たら、すぐにひっくり返されてしまう。その前に「こと京都」「こと日本」と組んだほうがいい、という環境を整えたいんです。

まとめ

こと京都は、理念を「社長の考え方・会社のあり方」、ビジョンを「会社が目指す方向性」として位置付けています。事業が拡大し、社員が増え、一緒に働く際には社内の多様な価値観や考え方をひとつにまとめる「共通言語」が必要と考えているためです。

ターニングポイントは、2000年代初頭にラーメン用にカットねぎを開始したことでした。年商3億円までは勘と度胸で経営していたそうですが、中小企業家同友会の経営指針書を作成するセミナーで経営の基本を習得したことが法人経営の確立の契機になりました。

ビジネスモデルと強みは、京都産の九条ねぎ（味がよい）を生産していることと3条件（ある程度の物量、安定的な出荷、安定価格）を担保するためにことねぎ会（ねぎの生産者ネットワーク）を構築していることです。

成長戦略として、冷凍の京野菜事業へ参入し、九条ねぎや京野菜の消費拡大を目指しています（伝統野菜の掘り起こし＋冷凍技術＝世の中へ広げる）。京野菜は日持ちしないものが多く流通量が少なかったのですが、冷凍により旬の状態を長く保つことでビジネスチャンスを創出しようとしています。

バリューチェーンは、カットねぎ、粉末ねぎなど、ねぎは加工の用途が多様であり、これらを広げることを志向しています。特に、「6次化＝加工」ではなく、「売り方（＝今より単価を上げること）」が本質と指摘しています。売り方として、ブランド力の向上や重さ単位での販売からメニュー売り（1メニュー・1単価）に挑戦するなど新しい試みを行っています。また、市場の相場に一喜一憂することなく生産者の責任領域を決めることが重要と考えています。

生産は廃棄を見込み安定供給のために多めに計画を立て生産をしています。ことねぎ会のメンバーがそれぞれ生産計画を立てて、生産量

大量の九条ねぎが整然と加工されていく。検品体制も厳重だ。

が少ない月をこと京都が埋める方法をとっています。安定供給のために、こと京都が遊軍として計画の隙間を埋めるように動いていると言えます。計画を守った場合は高単価で買い取り、守れなかった場合は単価を下げるという納期を守るインセンティブを組み込んだ仕組みを構築しています。

販売は単価さえ安ければよいという相手とは組まず、展示会に積極的に参加し、情報収集を行っています。物流も無理に全国をカバーするということは行わず、身の丈に合ったエリアをカバーして、やらないエリアを決める選択と集中が重要と述べています。

パートナーも岩谷産業のように強みの補完関係が構築できる相手と食に対する真剣さを基準にしています。人口動態やそれを受けたシェアから割り戻して、国内シェアを10%取れば利益が出せるという考え

Ⅰ 戦略

❶ ビジョン

- 理念は「社長の考え方・会社のあり方」、ビジョンは「会社が目指す方向性」
- 社員が増え、多様な価値観や考え方の人が一緒に働く際には社内をひとつにまとめる共通言語や、短期・長期的なベクトル(目標)を示すことが必要

❷ ターニングポイント

- 2000年代初頭にラーメン用にカットねぎを開始
- 年商3億円までは勘と度胸の経営→経営指針書作成のセミナーで経営の基本を習得
- 最大の危機は2011年の3.11大震災と11月の雨不足とその翌年12月の寒波

❸ ビジネスモデル

- 京都産の九条ねぎの生産
- 味のいい九条ねぎの物量・出荷・価格の3条件を安定化
- ことねぎ会(生産者ネットワーク)

❹ 成長戦略

- 冷凍京野菜事業への参入による九条ねぎや京野菜の消費拡大
- 伝統野菜の掘り起こし+冷凍技術＝世の中へ広げる

Ⅲ 管理/人・組織

⑪ KPI

- 営業利益率をこと京都:10%、こと日本:2～3%
- 売上規模はこと京都は20～30億円が限度で利益率を高めることを目指す
- 九条ねぎのマーケットシェア30%

⑫ 資金調達

- 担保よりもビジョンや人となりで貸し出す仕組みになってきている(計画が重要)
- 補助金を見て事業を考えるのは順序が逆
- ビジョンが先でそれに当てはまったら補助金を使う

⑬ 法人格

- 規模を拡大したければ株式会社
- 地域の集落を守るためや個人で拡大する気もないのであれば法人格にするのは疑問

Ⅱ バリューチェーン

❺ バリューチェーンと商品

- カットねぎ、粉末ねぎなど加工の用途を広げる
- 6次化は加工することではなく「売り方（＝今より単価を上げること）」が本質
- 単価を上げる方法としてブランド力の向上とそれによる競争力向上
- 重さ単位での売り方からの脱却（1メニュー・1単価での販売）
- 重要なことは「生産者の責任領域」を決めること

❻ 生産

- 廃棄を見込みリスクヘッジのために多めに生産
- 計画を守った場合は高単価で買い取り

❼ 販売

- 食の展示会で販路や業界の情報を収集
- 単価さえ安ければよいという相手はNG

❽ 物流／設備

- 行ける範囲を確実にやっていくのがよい
- 生産者の都合でこのエリアしか配送できないと決めるのも一案

❾ パートナー

- 岩谷産業の冷凍技術力（強みの補完性）
- 食品事業に対する情熱や真剣さ

❿ グローバル

- 国内シェア10％を押さえれば人口が減少しても利益を出せる
- したがって、海外よりも国内ビジネスの確立が優先事項

⓮ 人材

- 農業にこういう人が向いているというのはなく、どう取り組むかがポイント
- 年に2回の個人評価面談、自己啓発の習い事補助、社員全員で年3回会食など

⓯ IT／レギュレーション

- ロボットはこと京都ではあまり関係ないと考えている
- 露地栽培が中心であるため、ITでの省力化には限界がある
- IT企業と連携して、オリジナルのシステムを検討中

に則り、海外より国内を優先しています。

KPIは、こと京都単体では30億円程度を限度と考え、こと京都とこと日本でそれぞれ利益率を分けて考えています。また、マーケットシェアを重視し、九条ねぎでトップになれる30%のシェアを目標としています。

資金調達は、担保よりもビジョンや計画の良し悪しで判断される傾向にあると指摘されています。また、補助金についても、事業が先でそれに当てはまる補助金があれば活用するという順序が重要で、補助金ありきでの事業には警鐘を鳴らしています。

人材については、自己啓発の補助、年3回の食事会、社員・家族の誕生日には花の贈呈など社員のモチベーションを上げるユニークな仕組みを採り入れています。

ITによる省力化は露地栽培が中心であるため、限界があり、そこまで重視していませんが、IT企業と連携し、オリジナルシステムの検討を行っています。

Chapter-5

お餅から惣菜・弁当まで、ブランドを使い分けた巧みな6次化

株式会社六星 ●石川県白山市

石川県でコメの生産、餅や弁当などの加工、販売まで手がける六星(ろくせい)。東京都出身で元営業マンだった軽部英俊社長が入社したのは20年前のこと。六星の創業メンバーのひとりだった義理の父親に営業経験を見込まれ、という経緯だ。サラリーマン時代に培った営業センスで多様な販売網を開拓し、六星の事業拡大の先頭に立ってきた。“よそ者”だったからこそできたこと、外の世界も知るからこそ見える農業の課題や可能性について話を聞いた。

卸売一辺倒からの脱却

―― 創業から40年をふり返って、会社が成長したターニングポイントはいつでしたか。

創業から5年くらい経った頃、餅加工を始めました。コメづくりは春から秋までが忙しく、稲刈りが終わると農閑期に入ります。会社としては従業員の給料を払わないといけないですから、冬場の労働を確保するために餅でもつくろうかと。昔懐かしいお餅や、雑穀を混ぜたヘルシーなお餅など、大手餅メーカーがつくる餅とはちょっと違ったものをつくってきました。商品は当初から変わっていませんが、その時々のトレンドやお客さまの嗜好にマッチして、おかげさまで販売が順調に伸びてきています。

―― もち米と一般のおコメの生産比率はどれくらいですか。

だいたい半々です。もうひとつのターニングポイントとしては、今から12年前、小売に着手しました。それまではスーパーを中心に卸売でずっとやってきました。卸売に依存していると、他社との競争や取引先の都合で商品の採用が打ち切られてしまうことがあります。これは、作物を栽培する時点で原価が発生する農業では致命的。卸売に軽部英俊（かるべ・ひでとし）●株式会社六星代表取締役社長。1967年、東京都町田市生まれ。中央大学法学部を卒業後、トーヨーサッシ（現LIXIL）に入社。主に営業担当として約7年勤務した後の97年、家族とともに石川県へ移住すると同時に有限会社六星生産組合へ入社して就農。前職での経験を生かし、経営の近代化や農産物の販路拡大に奔走する。2007年、株式会社六星への移行のタイミングより現職。
六星　http://www.rokusei.net/

株式会社六星（ろくせい）● 2007年、石川県白山市にて設立。1989年設立の有限会社六星生産組合が前身。ルーツは近隣農家で形成された1977年設立の中奥六星生産組合。売上高は11億2000万円（2016年3月期単体）、従業員数は36人（パート・アルバイト81人）。コメや野菜の生産を主力事業とし、ほかにも餅加工や惣菜・和菓子の製造・販売、直営レストランの運営を手がけている。

頼ってばかりはいられないと、直売を始めました。直売なら農家の強みである鮮度感をアピールできます。生産者が見えることで、親近感を持ってもらえるだろうという思いもありました。ただ、当時はコメと餅、一部の野菜くらいしか売るものがなく、新鮮さがありませんでした。和菓子やお弁当、おにぎり、惣菜などデイリーな加工商品に手を広げ、品数を増やしていったのです。今では事業の半分が加工や小売に移っています。以前は「六星」といえば「お餅」のイメージでしたが、商品構成が広がった今はお弁当や惣菜のイメージを持つ人が増えています。

――お弁当やお惣菜は女性にもアピールできそうですね。

そうなんです。ただ、小売は外からは華やかに見えますが、収益面ではあまり儲かる事業とは言えません。小売に挑戦できたのも、餅加工の収益性が高く、安定しているからです。経営の安定を考えた生産、加工、小売のバランスは常に意識しています。

――では、これまでで最大の危機は何でしたか。

創業以来ずっと、資金繰りの面では苦労したと聞いています。六星は地域の地主から農地をお借りして、稲作の請負耕作を急速に広げてきました。農業は設備投資産業です。規模拡大には人手はもちろん、機械が必要です。20haにつき、トラクター、田植え機、稲刈り機のセットで2000万円くらいかかります。70～80haになれば、コメを乾燥する施設も必要になる。そうなると億単位です。

私たちは餅加工を手がけているとはいえ、栽培に関してだけ見ればほかの農業者とあまり違いはありません。

農家も情報発信する時代

――「コメコミュニケーション精神：農業から生まれる安心で美味しい食の提供と真の情報交換によって共感と信頼の絆を築き多くの人々の心豊かな生活に貢献する」という言葉を掲げていらっしゃいますが、この言葉に込められた思いと、社内でどのように共有されているのか教えてください。

農業のことは、これまで一般の人にあまり知られていませんでした。私自身も同様にこの業界に入る前は全然知りませんでした。今でこそ農業のことがマスコミなどで取り上げられることが増え、多少知ってもらえたり、イメージが変わってきたとは思いますが、当時はおじいちゃん、おばあちゃんが腰を曲げながらやるのが農業、といった感じでした。

しかし六星がやっている農業は、そんなイメージとは違いました。そこで正しい情報を商品と一緒に伝えていくべきだと思ったのです。これに対して、「農家に情報発信は必要ない。生産だけしていればいい」という考え方が社内にあったのも事実。でも、私たちの取り組みに共感して、応援してもらってはじめて、商品を買ってもらえます。コミュニケーションを通じてお客さまとの信頼関係を築いていくことが大切。そのような思いを込めました。

理念といったたいそうなものではなく、社内の合言葉のようなものです。自分たちの取り組みに迷ったとき、立ち返るためのものです。また、こんな小さな会社でも、生産から加工、販売へと事業が広がるにつれ、組織の縦割りが進んできました。社内をひとつにまとめる意味でも、会社のアイデンティティを象徴するような言葉は必要です。

ただし、これを毎週月曜日に唱和するような形式的なことはしたくありません。言葉を社内の随所に貼り出し、普段の活動を通じて浸透させるようにしています。

義父からのバトンタッチ

――経営上の課題を伺いたいのですが、将来の最大の不安要素は何だと感じていますか。

ひとつに絞るのは難しいですが、コメの生産は国策ですので、国の政策次第で簡単に方向転換してしまうことがあるのは大きな不安要素です。われわれのような農業法人にがんばってほしいと言いながら、本当にそう考えているのかと首をかしげたくなるようなことが多々あります。

―― 後継者の問題もよく耳にします。軽部社長は先代から見事にバトンタッチされました。どのようなステップで引き継がれたのですか。

私は10年前に先代から引き継ぎました。営業の経験を見込まれて20年前に入社したのですが、農業についてはまったくの素人でした。最初の10年間は現場で経験を積みながら、部分的に現場の指揮をしたり、仕組みづくりや人材採用などをやらせてもらったりしていました。いわゆる"番頭"のような立場で経営のトレーニングを積めたことはよかったと思っています。

家族経営の農家の場合、父親が経営のほとんどを担って、息子は作業しか任せてもらえないのが一般的だと思います。あるときポンと世代交代しても、帳簿もなければ、外との付き合いもない。息子が戸惑っていると、父親が口を出してきて、本人を否定するようなことを言う。世代交代がスムーズに進まないパターンです。

私の場合、遠慮のない直接の親子関係とは違って、義理の親子ならではの程よい距離感もよかったのかもしれません。営業に関しては私のほうがよくわかるということもあって、私の好きなように任せてくれました。その点では本当に恵まれていたと思います。

―― 軽部社長が次の世代に引き継ぐときも、同じような形を考えていますか。

そうできれば理想です。でも、会社の状況が当時とは違います。多様な事業を展開するようになり、これをひとりでマネジメントするのは難しいでしょう。分社化したうえで経営を任せるのもひとつの選択肢だと考えています。そのことを念頭に置いて、今も各事業の責任者に多少のマネジメントの裁量を与えてはいますが……。

生産領域から流通・販売領域までバリューチェーンとして確立

農産物の加工・販売に早くから着手し、高感度の顧客に訴求しうるブランディングの確立に成功している。

〈凡例〉
現在
※数字は展開の順序

生産品目×事業領域（ヒアリング時点）

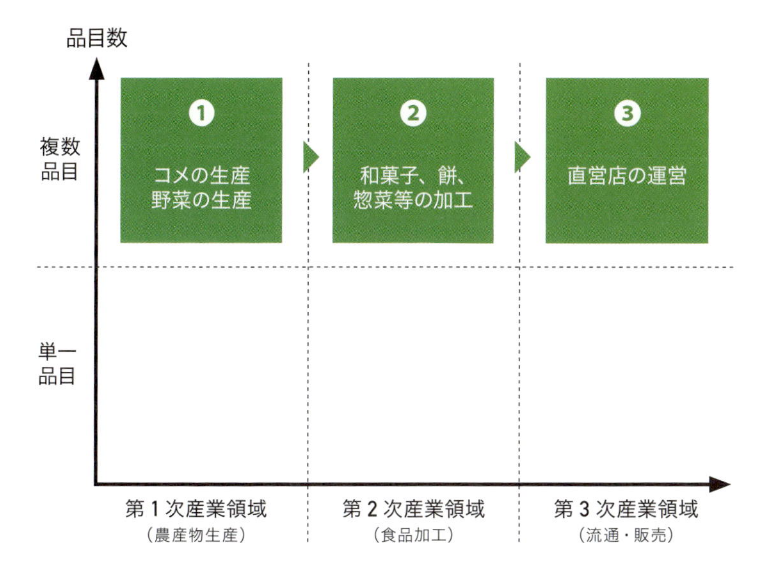

出所：対談をもとにトーマツ作成

餅の販売で鍛えた営業力

―― コメづくりから餅加工、小売にも積極的に事業を広げてきたわけですが、改めて六星のビジネス上の強みを教えてください。

営業力とそれに伴う販売網は強みかもしれません。餅加工を始めてから、販売にも携わるようになりました。農家でありながら販売の部分を学んだのは大きかったですね。当時は今のようなお取り寄せがなく、ふるさとのものは百貨店の催事場で行われる物産展でしか買えませんでした。農家がつくったお餅やおコメを持っていくと、「あら懐かしいわねぇ」とお客さんが買ってくださったものです。われわれ石川県の商品には「加賀百万石」という冠がつき、全国の物産展で好評でした。百貨店の地下の惣菜売り場に常設で置いてもらったり、またそれを見た高級スーパーからも声がかかったりして、販路が広がっていきました。

―― 販売網の強みを生かした取り組みはいかがですか。

私たちは、地域の地主から農地をお借りして稲作を行っていますので、まずは1次産業の取り組みをしっかりやっていきたい。そのうえで、地域の大型農家や専業農家の販売を当社が代行するなど、販売網を生かしたサポートができるのではないかと思っています。

―― その点では、軽部社長自身が営業畑出身であることは大きな強みになりますね。

そのために呼ばれたということもあります。私もそうですが、会社を見渡してもいろんなキャリアの人がいます。そういう人たちが成長できる場を私が提供することで、人材が強みになればという希望はあります。

地域の農家と連携する

―― 会社が成長していくために必要なことは何でしょうか。現在はコメづくりが中心ですが、コメ以外で展開する可能性はありますか。

それは「連携」です。請負耕作や販売協力における地域の農業者との連携、あるいはJAとの連携を広げていくなどして、自社も成長していくことが不可欠だと考えています。栽培作物は、特にコメにこだわっているわけではありません。ただ、北陸は冬が長く、野菜の栽培に適した地域とは言えません。お借りした田んぼを維持していくには、今のところ、コメづくりが最も適していると捉えています。

広範な６次化に成功している現在でも、餅の加工が主力事業であることに変わりはない。

── 将来、仮に10年後に売上500億円の農業法人を目指すなら、どのような取り組みが必要だと思われますか。

売上の規模拡大を求めるなら、一般的な産業であればM&Aしかないと思います。でも農業の場合、つねに地域がついてまわります。地域の人たちの信条やしきたりがあり、村社会の考え方があります。よそ者に対しては排他的な傾向もあります。さらに言えば、農地には地主が必ずいらっしゃいます。その人たちの了解も取らなければならない。農業でのM&Aは容易ではありません。そう考えると、くり返しになりますが、地域の農家の方々を私たちがサポートして、グループとして売上拡大を追求していくのが現実的だと思います。

六星の売上は、現在11億円です。畜産などはもっと規模が大きくなりますが、稲作に限って言えば、大規模な法人はあまりありません。加工を含めてもそうです。それが現実です。産業が発展していく過程では、業界内で規模の大きな数社が引っ張っていったり、国や業界に対して発言力を持ったりするということがあります。農業の産業化にもそういうことが必要なのかもしれません。つまり、「六星が言うなら、そうなんだね」と言われるくらいの存在になるということ。そうやって業界をもっと活性化していくことが必要だろうと、最近は思っています。

―― 今後の成長に向けた目標値は設定していますか。

売上や耕作面積など数字的な目標値は持っていません。これまでは、とにかく経営の安定を第一に補助金など事業外収益に頼るのではなく、しっかりと事業収益を上げることを目標に取り組んできました。また、キャッシュフローについても直売に取り組むことで改善を図ってきました。今後規模が大きくなっても これだけは注力していきます。

農家は生産に特化するのがいい!?

―― 六星は生産から加工、販売まで手がける6次化を実践しています。事業領域を広げることについてどう考えていますか。

私たちは長年かけて6次化を進めてきました。もし「今から6次化に取り組みたい」と相談を受けたなら、あまりおすすめしないというのが正直なところです。やはり6次化は簡単ではありません。例えば、トマトが余っているからケチャップやトマトジュースをつくるとして、がんを予防するなど特別な付加価値のある商品をつくることができれば、注目されて売れるかもしれません。ただ、加工品市場はすでに飽和状態ですから、既存商品の類似品をつくっても、事業の柱になるとは思えないのです。

農家は第1次産業に特化するのが最も自然です。そのうえで、第2次

企画・開発・生産からの、一貫したビジネスプロセス構築が強み

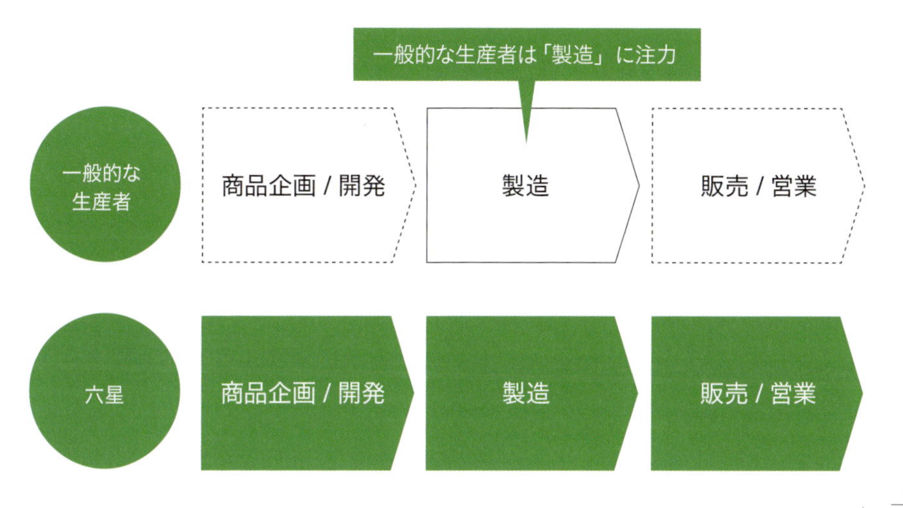

「製造」に注力するだけでなく、商品を「企画 / 開発」するところから「営業」して売り込むまでの総合的なビジネスプロセスの追求が六星の強みとして形成されている。

出所：対談をもとにトーマツ作成

や第3次の部分は商工業者と手を組む。農商工連携のなかでしっかりプランを立てて取り組むのが現実的ではないでしょうか。そうすれば、それぞれの強みを生かしながら、事業を広げていくことができます。

――海外マーケットへの展開についてはどうですか。

政府は農産物の輸出を1兆円にまで増やすとしています。おかげさまで私もいろんな話をいただくので、興味本位で少しやってはいます。ただ、それが事業になるかといえば、一零細企業には難しいというのが実感です。コメの場合、日本のコメはただでさえ現地米に比べて割高です。物流費が加算されれば余計に高くなります。国内で精米して袋詰めしても、輸出の過程で船内の劣悪な環境にさらされれば、品質でも勝ち目はありません。

コメに関して言えば、玄米をロットで送って、現地精米がポイントだと思います。また、野菜に関して言えば産地リレーで商品を切らさないこと。そのためにはたとえばJAなど取りまとめる力のある企業、組織が必要だと考えます。

――トヨタが開発した農業IT管理クラウドサービスを導入するなど、異業種の企業と連携した取り組みもされています。パートナーはどのような基準で選んでいますか。

私は東京からこちらにやってきて、知人がゼロの状態からスタートしました。農業を通して業界内の知り合いはできますが、農業以外の付き合いも増やそうと、あえて異業種との交流会にも積極的に参加しています。農業について話す機会があれば、六星の宣伝もさせてもらっています。そうした活動のなかでネットワークが広がり、パートナー候補企業と出合う機会も増えています。

また、金融機関や行政などからもパートナー企業を紹介されることも増えてきました。自分たちにないものを持っている会社であれば、連携を前向きに検討したい。その選定基準は何かと言われれば、感覚によるものが大きいかもしれません。

シンプルに「おいしいもの」をつくって売る

――おコメやお餅を中心に、お弁当、お惣菜、和菓子などさまざまな商品を展開しています。どのような基準で商品やカテゴリーを広げているのか教えてください。

私たちの商品は、自社栽培したコメや野菜を使うことが大前提です。また、すべての商品で打ち出しているわけではありませんが、添加物を使わないことで、お客さまに信頼していただける商品を目指していま

六星のブランド展開

六星 六星（基幹ブランド）

六星の基本となる商品ブランドで、おコメやお餅を中心とした商品を展開。

主な商品 ●こしひかり ●切餅／丸餅 ●正月餅（鏡餅、雑煮餅）●豆板餅／斗棒餅

販売先 ●直売店 ●通信販売 ●全国の百貨店・小売店・飲食店 等

豆餅すゞめ（和菓子・直売店ブランド）

和菓子のブランドであり、金沢駅構内の直売店「すゞめ金沢百番街店」の店名としても展開。

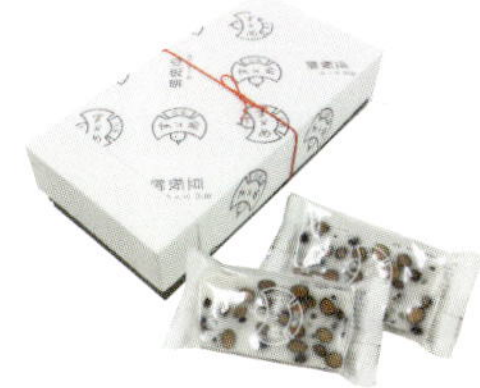

主な商品 ●塩豆大福 ●お弁当 ●豆板餅

販売先 ●すゞめ（金沢百番街店、近江町市場店）

六星のお福分け（ギフト用ブランド）

「食べてみなさまが幸福になりますように」そんな思いが込められたギフト商品ブランド。

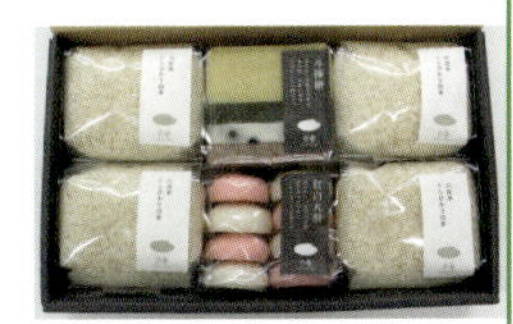

主な商品 ●おコメ ●おかき／せんべい ●お餅 ●ギフトセット

販売先 ●直売店 ●通信販売

むっつぼし むっつぼし（直売店ブランド）

石川県内で展開している直売店のブランド。自社栽培したおコメや野菜はもちろん、お餅やお弁当、和菓子やこだわりの食品などを揃えています。

主な商品 ●おコメ ●お餅 ●お弁当・お惣菜 ●野菜 ●和菓子 ●こだわり食品

店舗 ●むっつぼし松任本店 ●むっつぼし金沢長坂店

出所：六星 web サイトをもとにトーマツ作成

す。あとはシンプルに、おいしいものしか売りません。「一般のお惣菜や店屋物と比べると値段はちょっと高いけれど、味は絶対に外さないよね」。そう言ってもらえるおいしさは、絶対に守りたいと思っています。

―― ブランド展開が実にユニークです。基本ブランドの「六星」のほかに、和菓子ブランドの「豆餅すゞめ」、ギフト商品ブランドの「六星のお福分け」、さらに直売店は「むっつぼし」という名前です。

「六星」として展開してきたおコメやお餅の商品は、鳥や川、山など動物や自然の風景をパッケージに使ってきました。昔懐かしさに共感してもらったり、つくり手の真心が伝わったりするようなパッケージにしたかったからです。一方で、金沢市内の直営店では若い女性が購買客の主力になっていて、郷愁を狙ったパッケージでは響きません。彼女たちの心を捉えるのは、「おしゃれ」とか「かわいい」といった感覚です。みたらし団子を見て「わぁ、かわいい！」。それで食べてみたら、「あら、おいしいわね」となる。若い女性たちに少しでも手に取ってもらえるように、おしゃれ感のあるパッケージも展開しています。それが和菓子のブランド「豆餅すゞめ」や、ギフト用の「六星のお福分け」です。これまで手薄だった領域に新たなブランドを投入し、ターゲットを広げていこうという取り組みです。

――趣の異なる複数のブランドが存在すると、イメージが分散するという懸念はありませんか。

お客さまにとってはわかりにくいでしょうね。これまで「六星」と書いて「ろくせい」と読んでいたのに、直営店の名前を平仮名で「むっつぼし」と露出するようになった。「あれ、お宅の会社は『むっつぼし』と読むの？」と不思議に思われる方もいます。「会社は六星（ろくせい）ですが、店の名前はむっつぼしです」と答えると、「なんてややこしいんでしょう」と。その辺はわれながらかなり不親切ですが、ただ、こういうのもありではないでしょうか。「なんだ、そうだったの？」と勝手に気づいてもらえれば、“ネタ”としてもおもしろいと思います。

耕作者の権利を守るには

――自社栽培においては、農家から農地を借りて生産する請負耕作が中心で、地域で農業をやめていく人たちの受け皿としても機能しています。生産における課題にはどのようなことがありますか。

耕作者の権利がなかなか守られないという問題があります。地主とは大抵複数年の契約を結びますが、契約途中でも地主の都合で土地を売ることになれば、私たちは土地を返さなければなりません。すでに機械や肥料など設備投資しているのに、急に契約を反故にされ、計画どおりの生産ができなくなるのは、まさに死活問題です。耕作者の権利や保障を認めてもらえるよう、国に対してお願いしているところです。石川県のこの辺りはもともとコメづくりが盛んな地域でしたが、最近は金沢市のベッドタウンとしての宅地化が進んでいます。行政は私たちに期待していると言いながら、一方で宅地造成や商業施設建設の許可を出して土地開発を進めています。耕作者の権利が守られるかどうかは、農業の産業化にも大きく影響を与えます。本来の計画どおりに物事を進めてほしいと強く思います。

――販売に関しては、百貨店やスーパーへの卸売に加え、直営店も持つなど、幅広い販売網をお持ちです。直売と卸売のバランスを今後どうしていきたいと考えていますか。

収益の安定性やキャッシュを確保する観点から、直売を増やすことを目標にしてきました。今、卸売と直売の売上は50%ずつで、ちょうどいいバランスです。今後生産量が増えれば、卸売の比重が増していくのは仕方がないと考えています。

――生産量が増えれば、物流網の構築もポイントになってきます。物流、倉庫、集積場の確保やコスト管理についてはどう考えていますか。

冷蔵倉庫は専門業者から借りています。今のところは自社倉庫を持つよりも、借りたほうがコストを抑えられます。しばらくは倉庫は借りる形を取ると思いますし、場合によってはシェアする流れになっていくのではないでしょうか。

――農業は設備投資産業のため資金繰りが困難という話でしたが、資金調達や調達先はどのように考えていますか。

設備投資では、これまで日本政策金融公庫を活用してきました。運転資金は短期の借入で、JAはじめいろんな金融機関からお借りしてきました。

――補助金も経営を助ける重要な要素だということですが、補助金の使い方についてはどうお考えですか。

大きな設備投資が必要な場合、補助金が活用できれば大変助かります。一方で、金額の小さな投資は自力で資金調達することも多いです。ただ補助金は手続きに時間がかかるうえに、その後の監査もあります。投資額の大小が、補助金を利用するかどうかを考えるひとつの目安にはなっています。

――六星は農事組合法人から始まり、有限会社、株式会社へと組織形態を変えてきました。変更のタイミングや、変更によるメリット・デメリットなどをお聞かせください。

これについては自分の経験が不足していて……。私が入社したときはすでに有限会社で、株式会社に変わると同時に代表になりました。メリットやデメリットをよく理解しているとは言えませんが、ひとつには、社会的な信用が違うのだろうと思います。いずれにせよ、自分たちが求めるものに合わせて組織形態を変えていけばいいのではないでしょうか。

女性志望者多数、一方でジレンマも

――農業では人の確保が課題のひとつですが、どのような取り組みを

本社併設の直営店は、女性客らで連日の賑わいを見せる。人気の和菓子ブランドも展開し、金沢駅の店舗では若い女性顧客らの獲得にもつながっている。

していますか。

以前なら「農業がしたい」と男性が応募してきましたが、今は直営店で弁当や惣菜を売っている影響からか、「お弁当をつくりたい」「お店で働きたい」という理由でやってくる女性がほとんどです。その点で人材は確保しやすくなりました。ただ、店舗勤務希望の女性を生産や加工の現場に配属すると、「想像とは違う」と辞めていくケースが少なくありません。そこはジレンマですね。

新卒採用でいえば、高卒は基本的に採用していません。高卒を否定しているわけではなく、社会人としての基礎から教育する余裕やノウハウがないという採用側の問題です。以前は高卒も採用していましたが、高校を卒業したばかりの人に、すぐに社会性を期待するのは無理があるように思います。一方で、大学や短大に通っていれば、それが社会に出るための準備期間にもなります。大卒や短大卒の人のほうが早く会社に馴染んでもらえるのではと思っています。

――生産から加工、販売まで手がける会社として、六星にはどのような人材が向いていると考えていますか。

会社に合った人をどう採用するのかは、悩みどころです。いいな、と思って採用しても、すべてがうまくいくわけではありません。面接で見るのは、バランス感覚です。部署をまたいで仕事をすることもあるので、コミュニケーション能力は持っていてほしいと思います。

――採用後、社員のモチベーションを維持するために取り組んでいることはありますか。

毎年個人目標を設定し、その目標に対する本人の取り組みや成果を年3回の面談で評価、査定するという仕組みを採用しています。

――先ほど社内が縦割りになりがちだという話がありましたが、意識してジョブローテーションなども行っているのでしょうか。

はい、それはありますね。仕事内容を担当者しか理解していないと、会社のノウハウとして蓄積されません。コメづくりをしていた人を加工に配属したり、あるいは仕事のやり方をほかの人の目で検証し直したりしています。いろんな事業を展開しているぶん、ジョブローテーションはやりやすい環境です。それが六星に入社する特典のひとつ、と採用時にはそんな話もしています。

――社長としての仕事や役割は何だと考えていますか。

会社が進むべき方向を示しながら、社員を導くことでしょうか。六星らしさやお客さまが六星に望むことについては、社員一人ひとりの担当業務は違っても共有しているはずで、黙っていてもある程度は同じ方向を向いてくれています。しかし、たまにずれてしまうことがあります。そんなとき、社員と話して元に戻すのは私の役割だと思っています。

世の中の変化に柔軟であること

―― 世の中のIT化やICT化が進むなか、この分野で六星として取り組んでいることはありますか。

おっしゃるとおり世の中がどんどんIT化の方向に進むなかで、農業はまだまだアナログ的です。これから農業の担い手が減っていくことを考えると、ロボット化で補う事例も増えてくるでしょう。

六星では、餅加工の半分を機械化しています。一方で、惣菜はほとんど人海戦術です。まだ機械化するほどの量ではないですし、手づくり感がうちの強みだと考えるからです。手づくり感は今でも支持されています。冷凍品に抵抗を感じる人や、土を使わない水耕栽培に対して抵抗のある消費者も結構いらっしゃいます。こうした世の中の認識や価値観が変わらないうちは、すべて機械化ということにはならないと思います。

―― 最後に、農業で収益を上げる、農業を事業化するうえで大事なポイントは何だと考えますか。

農業に限ったことではありませんが、世の中の変化にどれだけ柔軟に対応できるか。これに尽きると思います。農業ではいまだに昔ながらの考え方が幅を利かせる傾向にあります。でも、時代によって消費者のニーズは変わります。それだけでなく、国の方針さえもポンと変わってしまうことがある。こうした変化に対して、嗅覚を鋭くし、柔軟に対応していく。これが農業の経営では必須ではないかと思います。

まとめ

六星は、「コメコミュニケーション精神」を掲げ、コミュニケーションを通じてお客さまとの信頼関係を築いていくという思いに基づいて事業展開をしています。六星の農業は高齢の人が腰を曲げながらやるというイメージの農業とは一線を画しており、正しい情報を商品と一緒に伝えていくために情報発信に力を入れています。一方で、ビジョンを毎朝唱和するような形式的なものにはせずに、迷った際に立ち戻る「合言葉」のようなものと位置付けています。

ターニングポイントは、「餅加工と小売に着手したこと」を挙げています。コメづくりの農閑期の従業員の仕事の確保のために、加工業に進出し、急な取扱い打ち切りのリスクが高い卸売中心から自社でコントロールするために直売に乗り出しました。今後も経営の安定を考え、生産・加工・小売のバランスを重視した経営をしていくとのことです。

1次産業にしっかりと取り組み、その生産物を加工も含めて価値をつけて、営業力と販売網の強みを生かして販売していくのがビジネスモデルの基本です。

成長戦略は地域の農業者などとの連携による自社の成長を志向しています。また、軽部社長は「農業の産業化」の重要性についても問題提起しています。産業が発展過程では、業界内の規模の大きなリーダーが引っ張り、国や業界に対して発言力を持って活性化していくことが必要です。しかしながら、六星もまだ売上11億円規模であり稲作に限って言えば、大規模な農業法人が生まれていないことが問題提起の背景のひとつにあります。

バリューチェーンは、6次産業化で成功している六星が「今からの6次化はおすすめしない」というのは興味深い指摘でした。加工市場はすでに飽和状態であり、既存商品の類似品では事業の柱にならないと

弁当・惣菜の豊富な商品を展開するとともに、友好関係にある高感度ブランド商品を直営店で紹介する活動も行っている。

いう考えのためです。また、農業者は1次産業に特化し、2次・3次は商工業者と組むのが現実的と考え、それぞれが強みを生かして事業を広げていくことが重要だということです。

生産では「耕作者の権利が守られないこと」を課題に挙げています。例えば、複数年契約して借りている農地を地主の都合で売却する場合、契約途中でも返却しなければならないのが現実です。それまで肥料や設備投資をしているにもかかわらずです。事業を計画的に進めるための大きな不確実性要因となっています。

農業はキャッシュが先に出ていくビジネスですので、販路開拓では早期に資金回収が見こめる直売を増やす方向です。同時に、事業が拡大し、取り扱い量が増えた場合は卸売を増やすことも想定しています。

コメづくりは、コンバインなど設備投資が重いので、投資を抑える

Ⅰ 戦略

❶ ビジョン

- 「コメコミュニケーション精神」を掲げ、コミュニケーションを通じてお客さまとの信頼関係を築いていくことが大切
- 理念という大層なものではなく「合言葉」のようなもの
- 社内をひとつにまとめる意味でも会社のアイデンティティを象徴する言葉

❷ ターニングポイント

- 餅加工と小売に着手
- 六星のイメージも餅から弁当や惣菜へ拡大
- 経営の安定を考え、生産・加工・小売のバランスを意識した経営
- 農業は設備投資産業であり、創業以来資金繰りに苦労

❸ ビジネスモデル

- 営業力とそれに伴う販売網
- 1次産業の取り組みをしっかりとやり、そのうえで販売網を活用

❹ 成長戦略

- 地域の農業者などとの「連携」
- 産業が発展する過程で規模の大きな数社が引っ張り、活性化することが重要

Ⅲ 管理／人・組織

⓫ KPI

- 売上や耕作面積には数値的な目標なし
- 補助金など事業外収益に頼ることなく事業収益が重要
- 農業も餅加工も生産してから販売までの期間が長いのでキャッシュフローの管理が重要

⓬ 資金調達

- 設備投資：政策金融公庫
- 運転資金：短期の借入でJAをはじめ、いろいろな金融機関
- 大きな設備投資は補助金を活用し、小さい場合は手続きの手間も考えて自前での調達

⓭ 法人格

- 株式会社はほかの形態と比較すると社会的な信用が違う
- 自分たちの求めるものに合わせて組織形態を変えていくべき

Ⅱ バリューチェーン

❺ バリューチェーンと商品

- 今からの 6 次化はおすすめしない。市場はすでに飽和状態であり、既存商品の類似品では事業の柱にならない
- 農業者は 1 次産業に特化し、2・3 次は商工業者と組むのが現実的
- 自社栽培したコメや野菜を使用することが大前提で、シンプルにおいしいもの

❻ 生産

- 耕作者の権利が守られないのが課題
- 生産比率はもち米とうるち米で半々

❼ 販売

- キャッシュ確保の視点から直売を増やす
- 今後量をさばける卸売が増えるのは仕方ない

❾ パートナー

- 自分たちにないものを持っている企業
- 感覚によるものも大きい

❿ グローバル

- 興味本位で少し取り込んでいるが、事業になるのは一零細企業では難しい
- JA など取りまとめる力のある企業・組織が必要

❽ 物流／設備

- 自社倉庫を持つより借りたほうがコストが安いので冷蔵倉庫は借りている
- 今後は有効活用、シェアする流れ

⓮ 人材

- 農業をやりたい男性が少なく、お店で働きたい女性が多く来ることはジレンマ
- 高卒は基本的に採用していない
- 面接ではバランス感覚（コミュニケーション能力）を確認
- 年 3 回の評価面談とジョブローテーション

⓯ IT／レギュレーション

- 農業はものすごくアナログだが、担い手も減っていくのでロボット化で補う事例も増えてくる
- 餅加工の半分は機械化、一方惣菜は手作り感が支持されているのでアナログ
- 冷凍品や水耕栽培への抵抗感を持つ消費者も多く、世の中の価値観が変わらない限り、すべて機械化にはならない

意味でも業者の冷蔵倉庫を借りています。協業におけるパートナー選定は自分たちが持っていないものを持っている企業、つまり補完性を重視しています。輸出に関しては、一零細企業では事業にするのが難しいという認識で、JAのような取りまとめをしてくれるプレイヤーの必要性を指摘しています。

KPIは補助金のような事業外収益に頼るのではなく、「本業の事業収益の向上」とキャッシュが先に出ていく事業である農業の特徴を踏まえて「キャッシュフローを注視した経営」を行っています。資金調達は「大きな設備投資は補助金を活用し、小さい場合は手間も考えて自前での調達」という目安になっています。補助金は手続きや後の監査もあり、小さい場合、費用対効果が悪いためです。法人格は、株式会社は他形態と比較すると社会的な信用が違う点を挙げています。

人材は、高卒を採用していませんが、これは社会人としての基礎から教育していく余力がないことを理由として挙げています。大卒者は、大学の期間が社会に出るための準備期間にもなっており、高卒者より会社に馴染むと考えているためです。

ITは、アナログ的な農業の問題点を指摘しつつも、消費者の嗜好性に注目し「冷凍品や水耕栽培への抵抗感を持つ消費者も多く、世の中の価値観が変わらない限り、すべて機械化にはならない」と指摘しています。

Chapter-6

6次産業化による みかんの ビジネス化に成功

株式会社早和果樹園 ●和歌山県有田市

日本有数のみかん生産地である和歌山県の「有田みかん」。この地でみかん農業を牽引する早和果樹園（和歌山県有田市）は、1979年、7戸のみかん農家が「早和共撰」を組織して創業。その後、2000年に有限会社として法人化した（2005年に株式会社に組織変更）。みかんの露地栽培のほか、ジュースやジャム、ゼリーなどの加工品製造も手がけ、生産から加工、販売まで含めた6次産業に取り組んでいる。現在は常勤従業員64人で年商7億8000万円を稼ぐが、「もとは守りの意識の強い、ただ熱心なだけの農家の集まりだった」と秋竹新吾社長はふり返る。そんな農家の集まりが、どのようにして加工品製造・販売に取り組むなど積極的な事業展開に挑戦するに至ったのか。その経緯を聞いた。

法人化で拓けた可能性

――会社が飛躍したきっかけはいくつかあったかと思いますが、今ふり返ってみて、これこそが早和果樹園のターニングポイントだったというものはありますか。

農家から会社になったことが、一番大きかったと思います。2000年11月のことです。それまでは私と家内と息子の家族経営でした。農家って、お金の勘定も含めて適当なところがあります。時間にもルーズだし、結構いい加減でしたよ。朝はそれほど早くないのに、昼寝をしたり、今日は暑いなと思えば、畑に出る時間を遅らせたり。家族でやっていると、甘えも出てきてしまうんですね。

あるとき、研修生が半年ほどうちに来てくれたことがありました。やる気のあるしっかりとした若者で、その人が来た途端、「明日は何する？」と計画的に考えるようになった。日曜日にきちんと休みを取っても、仕事が前へ前へと進んでいきました。

そんなとき、法人化した梅農家が目標を掲げて取り組んでいるとい秋竹新吾（あきたけ・しんご）●株式会社早和果樹園代表取締役社長。1944年、和歌山県有田市生まれ。和歌山県立吉備高校（現有田中央高校）柑橘園芸科を卒業後、実家の果樹園を継承して就農。79年、近隣の7みかん農家とともに早和共撰を創業する。2005年に株式会社早和果樹園へと改組して現職。早和果樹園　http://sowakajuen.com/

株式会社早和果樹園（そうわかじゅえん）●2005年、和歌山県有田市にて設立。00年設立の有限会社早和果樹園が前身。ルーツは7戸のみかん専業農家で形成された早和共撰。売上高は7億8100万円（2016年6月期単体）、従業員数はグループ全体で64人。品目はみかんに特化し、その加工から販売までを一貫して手がけている。14年には、6次産業化優良事例表彰では最高賞の「農林水産大臣賞」を受賞した。食関連の展示会へ積極的に出展し、販路の拡大に成功している。

う話を聞き、これだ、と閃いたんです。ちょうど私たち7戸の農家のうち、4戸に後継者ができた時期でした。計画性を持ってやらなくてはダメだと考えを改め、それまで共撰組合でやってきた農家仲間を説得して、法人化したのです。

――法人化したことで、事業体としての覚悟が生まれ、加工業への参入や商品開発にも挑戦するようになったのですね。

そうです。みかん農家の場合、11月から1月の繁忙期を除けば、それほど忙しくありません。けれども法人化したら、例えば人を1人雇うにしても、年間を通して仕事がないと成り立ちません。周りの生産者のみかんを集めて販売してみようとか、みかん加工をやってみようということになりました。

現在、早和果樹園直営の栽培面積は8haです。自分たちで栽培するほかにも、地域の個人農家や共撰組合から販売用の生みかんを500t、加工用みかんを1600t仕入れています。法人化していなかったら、おそらく加工は手がけてなかったでしょう。自分たちができる範囲のことで精一杯でした。法人化したことで、一農家ではできないことをやってみよう、と前向きな姿勢に変わった。これが大きなターニングポイントだったような気がします。

一流産地の意地

―― では、これまでで最大の危機は何でしたか。また、どのようにして乗り越えましたか。

共撰組合時代に経験したみかん価格の暴落です。1970年代、みかんが市場にあふれて大暴落した時期がありました。年中働いても利益の出ない年が何年か続きました。それでも「とにかくおいしいみかんをつくろう」とみんなで力を合わせて、乗り越えることができました。

当時、お世話になっていた東京・築地市場の専務さんに言われたんです。私たち、みかんがダメだから、雑柑類と呼ばれるネーブルやハッサクに目を向けたことがありました。ネーブルやハッサクをつくって築地市場に持っていったら、「有田はみかんの超一流産地なんだ。ネーブルはアメリカからも入ってくるし、何の特徴もないよ」。その一言で目が覚めました。超一流産地ならではのおいしいみかんをつくろうと、試行錯誤が始まりました。そうして生まれたのが、土壌水分をコントロールして甘くコクのあるみかんをつくる「マルチ栽培」や、皮の薄い早生品種を完熟させた最上級ブランド、そして夏のハウスみかん栽培です。みかんを続けてきてよかったと、今ふり返って本当に思います。

―― ホームページでも「にっぽんのおいしいみかんに会いましょう」というメッセージを打ち出しています。法人化にあたって、理念やビジョンについても考えられたのではないかと思います。理念やビジョンが会社組織に与える影響をどう感じていますか。

はじめ、会社というものがよくわからず、会社についていろんな本を読みました。そこに書かれていたのは、社長の理念や思いを社内で共有し、力を合わせてやっていくのが会社だと。じゃあ自分の思いは何だろうと考えたら、有田みかんをもっと多くの人に食べてもらいたい。その思いを、「にっぽんのおいしいみかんに会いましょう」という社是に込めました。理念とは、会社が進む方向を表したもの。社長である私が決断するときの道しるべでもあります。社員が六十余人まで増えた今、みんなの気持ちがバラバラになれば競争力を失います。そうならないように、毎朝の朝礼で、みんなで社是を唱和しています。

地域の生産農家をどう支えるか

―― 法人化をきっかけに、新しいことにも取り組んでこられたわけですが、将来を見据えたときに、経営の課題は何だとお考えですか。

私たちは、みかん農業がすごくよかった1955年以降や、1970年代の大暴落の時代も知っている世代です。それが今ではみんな70代になり、次の世代が育っていません。このままでは、みかんづくりの担い手がガクンと減ることになります。原料としてのみかんが減れば、私たちのようなみかん加工会社にとっても大きな痛手。これが一番の課題です。

―― どの品目でも同じような悩みが聞かれます。いくら2次産業、3次産業に取り組んでも、根幹となる1次産業が衰退してしまっては、足元から崩れてしまいます。今後、農業の後継者の方が減っていくこ

とに対して、どのような取り組みをしていますか。

なかなか難しい問題だと思います。私たちの周りでも、あの畑はそろそろやる人がいなくなって空きそうだ、ということがわかります。60代、70代の世代が急傾斜の畑でみかんづくりを続けていくのはしんどい。後継者がいないなら、われわれの会社でみかん栽培を広げていくことも必要だと考えています。

とはいえ、それだけでは追いつきません。若い後継者がみかん栽培で生計を立てやすい環境にしていくことも大事です。今みかん農家は、生産量の90％以上を生果で出荷しようとしています。加工用で出荷しても捨て値になるだけなので、できるだけ綺麗なみかんをつくって、生で出そうとするのです。ただし、生果で高く売ろうとしても、外国産も入ってくるので、なかなか難しい。そこでわれわれ加工会社がみかんに付加価値をつけることで、加工用の買い上げ価格を高くし、生産者を所得の面で支えていける形を構築していく。これがより実現性がある方法だろうと思っています。

みかんを丸ごと有効活用

――早和果樹園の強みは何で、成長のための次の一手としてはどんなことを考えていますか。

やはり「有田みかん」というブランドが背景にあるのが強みだと思います。みかんをとことん追求して深掘りしたいですね。

過去13年間の6次産業化の取り組みのなかでは、みかんの外皮を剥いてから搾汁し、みかんの中身だけを利用して加工してきました。でも皮や袋のほうが、じつは機能性が高く、幅広い分野での商品化が可能です。

例えば、みかんの皮は漢方薬の陳皮として利用できます。現在は大

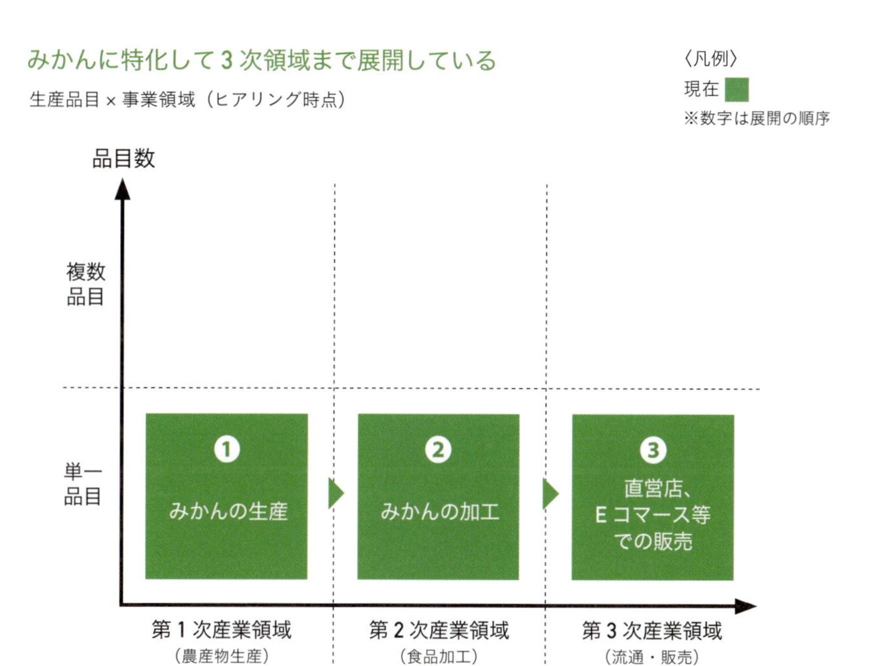

品目をみかんに特化した分、繁忙期以外の対策として加工・販売事業を行っていることは、経営上大きな強みとなっている。
出所：対談をもとにトーマツ作成

手の漢方薬メーカーに原料として提供していますが、自社でも商品開発したいと考えています。また、袋にはポリフェノールの一種であるヘスペリジンや、食物繊維のペクチンが結構含まれています。これからは中身だけでなく、皮や袋も有効活用して、みかん丸ごとに付加価値をつけるような取り組みをしていきたいですね。

生のみかんについても、新たな種苗を開発し、独自のみかんづくりを進めています。「水晶文旦」と「黄金柑」の花粉を交配して育種した、「早和の香」という新しい柑橘が2012年に種苗登録されました。この新品種は皮が薄く、12月頃から食べられて、とてもおいしい。16年、当社ではじめて結実した「早和の香」を築地市場の仲卸や取引先に見てもらったら、大変好評でした。これを17年か18年をめどに、一人前の商品に育てていきたい。構想としては、周りの生産者に委託栽培してもらい、私たちが責任をもって買い取る。綺麗なものは生果としても出荷し、同時に加工も行う。皆が生計を立てられる形で、新しい柑橘を世に広めていければと思っています。

―― 仮に農業法人で年商500億円を目指す場合、秋竹社長ならどんな打ち手を選びますか。

500億円はちょっと想像がつきませんが、私ならみかんを軸とした商品づくりで広げていきます。みかんの機能性を生かした食品だけでなく、今も少しずつやろうとしていますが、化粧品やシャンプー、洗剤などにも可能性があります。自社で完結できない場合は、それぞれの分野で強みを持つ企業と組むOEMも選択肢のひとつでしょう。

―― 事業を展開していくうえでの目標やKPIは設定していますか。

売上の柱は年間を通して販売できる加工品です。全社の売上目標を、4年後に20億円、10年後に50億円と設定しています。前年比120％、130％を狙っていくのは容易ではありませんが、目標を掲げることは大事だと思います。経常利益も10％を努力目標にしていきたいですね。

自社で販路を持つ

―― 早和果樹園は加工品を大きな軸として取り組んでいますが、農家にとっては1次産業から2次産業へ、さらに3次産業にも参入するかは大きな論点ではないかと思います。秋竹社長は、事業領域をどのあたりまで広げるのがいいとお考えですか。

私たちは、小さいながらショップも運営しています。自分たちでつくって、売るところまでやっています。今後はネット販売をより強化

急峻な斜面で太陽をいっぱいに浴びるみかん。超一流産地ならではの豊かな甘みが最大の魅力だ。

していきたい。というのも、自社商品を知ってもらうために各地の観光地で試食販売を行っているのですが、お土産で買ってくれた人たちがリピーターとして戻ってきてくれるのが、ホームページです。ネット販売の拡充も含めて、6次化をさらに進めていくつもりです。

以前は、自社で搾ったジュースを、ほかの加工業者に原料提供したこともありました。でも、原料提供は利益があまり望めません。ある年には「これだけ欲しい」と買ってもらえても、相手の都合でその1年で終わってしまったこともあります。自分たちの計画どおりに行かないことも多く、原料提供は慎重にやらないといけないとも感じました。

生産や加工だけでは利益は出にくい。これが過去の経験からの教訓です。自分たちで販路を持つこと、自分たちのブランドで販売することが重要だと思っています。

―― 海外展開にも積極的で、特にアジアの台湾や香港などで、高級スーパーとタイアップの実績もあげられています。ただ、海外展開については、手間暇がかかるという理由で否定的な見方もあるなど、意見が分かれます。

やはり国内の人口が減ってマーケットが縮小していくわけですから、新たなマーケットを求めて海外に出ていくべきだというのが私の考えです。それに加えて、うちの営業部長が海外に行くのが好きなんです。この頃はしょっちゅう海外に販売に出かけていますね。

試食販売を重視するのは海外でも同じです。要請があれば香港、台湾、シンガポールにも出かけます。現地で試食販売すると、売上がぐっと上がる。向こうの人たちもうちの商品を大事に売ってくれますしね。そうやって海外でも広がりが生まれています。

―― 今後、売上20億円や50億円を狙っていくうえで、パートナー企業との取り組みもポイントになるのではないかと思います。パートナーの選定基準はどう考えていますか。

6次産業化を進めるなかで、当然、パートナー企業との連携の可能性も出てくると思います。ただ、先ほどの加工業者への原料提供のケースのように、連携することで自分たちの意に反する結果になることもあります。そこは慎重に考えるべきだと思います。

今のところは、自分たちのビジネスモデルをしっかりと回転させる形で取り組んでいきたい。将来、自分たちがもっと成長して、相手企業と対等な立場で渡り合え、かつ理念を共有できるなら、連携も検討していきたいと思います。

有田みかんならではの商品開発

早和果樹園が考える生産者を支える仕組み

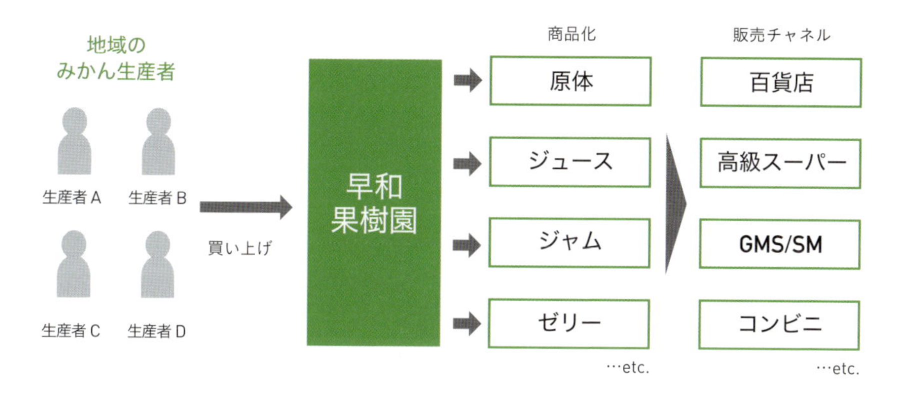

加工会社がみかんに付加価値をつけることで、
加工用の買い上げ価格を高くすることができる。

出所：対談をもとにトーマツ作成

―― 早和果樹園の商品は、みかんジュースやみかんジュレをはじめ、みかん調味料やみかんのお酒まで多岐にわたっています。商品開発や商品ラインアップの考え方を教えてください。

おいしいみかんを使った、生産者ならではの商品化を意識しています。例えば有田みかん100%のジュースや、みかんの原形がそのまま残ったジュレなどです。みかんでできるものはすべて商品化したいですね。

最初に商品化したのは、原料を選りすぐったこだわりのみかんジュース「味一しぼり」でした。でも、それだけでは百貨店や高級スーパーからは引き合いがあっても、それ以上の広がりが望めませんでした。そこでボリュームゾーンを狙った低価格帯の有田みかん100%ジュース「飲むみかん」を出したんです。値ごろ感からコンビニやキオスク、高速道路のSA・PAに一気に広がりました。売上を安定させるためには、ボリュームゾーンに向けた商品は不可欠です。商品ラインアップを考えるうえで、手ごろな価格でボリュームゾーンを狙うのか、高価格帯のこだわり路線を狙うのかはひとつの目安にしています。

——毎年、新商品を出されていますね。

はい。年に1つは絶対に新商品を出すと決めて加工業を始めました。メーカーは新商品を出さなくなったら終わりだ、とアドバイスを受けたからです。毎年いろんな商品を出して、展示会場で並べたり、小売店に紹介したりしていると、「よくこんなに新しい商品が出せるね」と興味を持ってくれる。これもひとつの大きな価値なんだ、と気づきました。

はじめのうちは私がほとんどつくっていましたが、今は商品開発チームもできました。毎年3つの新商品を目標にしています。

みかん農家が直面する問題

——みかん農家の高齢化が進み、やめてしまう畑が増えていくと予想されるなかで、加工を手がける農業法人としては原材料のみかんをどうやって集めるかが課題だという話がありました。みかん農業全体を考えたときに、生産上の課題は何ですか。

みかんづくりは急斜面の畑で行います。実際に見ていただくとわかるように、誰もが驚くくらいの急斜面です。急斜面で排水に優れた場所でつくるから、皮や袋が薄くて、糖度も高い、良質のみかんができます。

ただ、急斜面での生産は非効率で、危険度も高い。これが一番の課題です。個人農家ならケガしても自己責任でしょうが、会社の場合は会社の責任ということになる。機械を入れられないため、手作業も多くて大変です。作業する人たちの安全をいかに確保するか。農業を法人化していくうえでの難しさを感じます。非効率かつ危険な作業環境を解決するような画期的な方法が生まれない限り、みかん農家が減っていく現状は止められないと思います。

早和果樹園の人材獲得と維持のサイクル

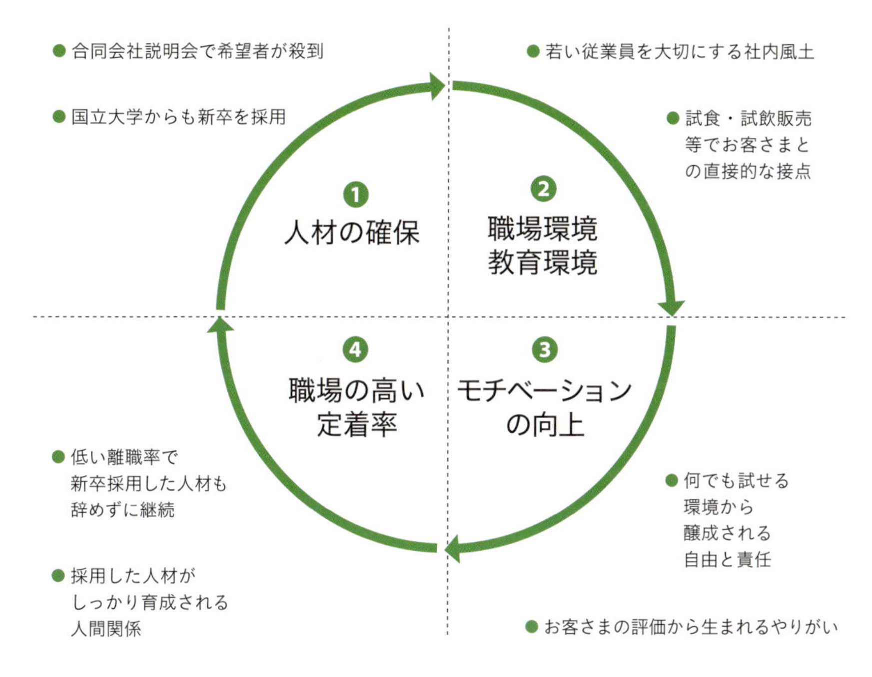

出所：対談をもとにトーマツ作成

年間10の展示会に出品

―― 先ほど販路の話が出ましたが、百貨店から高級スーパー、コンビニ、高速道路のSA・PAなど多岐にわたっています。ここまで幅広いのは珍しいのではないかと思います。

販路はオールチャネルです。先ほども話したように、原料厳選のこだわりの商品で生産者らしさを出しつつ、ボリュームゾーン向けの商品も出していったら、販路が全方位に広がっていきました。

―― 販路はどのように広げていったのですか。

もっぱら展示会への出品です。四十数年間ずっとみかんをつくり続けてきて、販売を始めたのは58歳のときです。最初は慣れなくて戸惑いました。初出展は2006年のアグリフードEXPO。バイヤーさんに試飲や試食してもらうと、「これはおいしい」ってすごく評判になった。それがきっかけで販路が広がっていきました。

それ以降も、和歌山県内や大阪市内で開催されるわかやま産品商談会や、幕張メッセで行われるFOODEX JAPANにも参加しています。今でも年間10くらいの展示会に出ています。

―― 販路を広げるうえで、取引先の選定基準はありますか。また多岐にわたる物流網の整備も大変ではないでしょうか。

できるだけ価格は守ってください、という話はしています。生のみかんについては、JAと連携しています。また、運送業者を使って東京や新潟、関西へ不自由なく配送できています。

加工品のほうも、ヤマト運輸や日本郵便の宅配便サービスでこちらの望む物量を運んでもらう形になっています。

今後、ヤマトロジスティクスなどの法人向けサービスを利用する選択肢もあります。例えば商品の配送規模が大きくなって、別の仕組みで外注する必要がある場合は、そういうところを使う。その場合は、自分たちの商品のなかでうまくやれるかということを考えていく必要があると思います。

―― 早和果樹園では加工用に搾汁した果汁を溜めておく倉庫も必要ですね。

はい。大きな倉庫が必要です。2015年にも2億円かけてみかん搾汁施設を建設しました。加工品は右肩上がりに伸びているので、この施設だけでは足りないくらいです。今はマイナス金利でもあり、金融機関も熱心にお金を貸してくれます。ただ、どこまで借金していいのかという問題もあります。

補助金活用で6次化促進

―― 資金調達の話が出ましたが、今は農業自体に追い風が吹いていて、資金調達の種類が豊富にそろっています。どのような金融機関と取引していますか。

わりと広くお付き合いさせていただいています。公庫、商工中金、地元の紀陽銀行、三井住友銀行、きのくに信金、JAなどですね。過去には少人数私募債（社債）で、1週間で5000万円を集めたこともあります。私や役員の親戚、税理士さんや知り合いなど、近しい個人の方が債権者です。みんなわが社を応援してくれる人たちです。償還期限は5年で、5年後にまとめて返せばよかったので、資金繰りが大変よくなりました。社債を発行したこと自体、金融機関にも高く評価されました。

―― 農業には補助金のメニューも豊富です。ただ、使い勝手のいいものと悪いものがあるかと思います。補助金の使い方についてはどう考えますか。

和歌山県が6次化を想定して興した補助事業があります。私たちの6次化事業が対象となり、生産面・加工面・流通面で、それぞれのハードやソフトに50％の補助金をつけてくれました。自分たちがやりたい事業に即した補助金を利用できるのは、すごくありがたいし、役に立ちます。反対に、補助金があるからこれをやってみよう、という気持ちで始めたら、うまくいかなかったと思います。

―― 法人格について伺います。共撰から始まって有限会社、株式会社へと会社形態を変えてきました。法人化の理由や、それによるメリッ

トがあれば教えてください。

1979年に早和共撰を創業してから、20年間共撰(組合)でやってきました。7戸の農家はみな前向きな連中ばかりで、「1億円売り上げてハワイに行こう」なんていう目標を立ててがんばっていた。3年目に1億超えてハワイに行ったけれども、もっと大きな夢を描ける農業をやろう、を合言葉に有限会社に変えました。

有田みかんで法人化した農家はなかったので、珍しがられました。税金が安くなるから法人化したんだろうとも言われましたが、会社組織になれば経理費用もかかるので、費用面でのメリットはそれほどでもありません。それよりも、計画を立てて農業をするようになったことが一番のメリットだったと思います。

新卒が殺到

―― 人材の確保も農業法人にとっては課題のひとつだと思います。どういう人が農業に向いていると考えていますか。

はじめはどんな人が向いているかというよりも、とにかくうちに来てくれる人。当時、農業をやろうという人は少なかったので、中途採用で来てくれる人なら誰でも歓迎でした。でも、県の就職支援センターを通じたマッチングに参加しても、これという人にはなかなか巡り合えませんでした。7、8年前でしょうか、新卒の大学生が興味を持ってくれるようになったのは。

―― 新卒採用を始められた。

そうです。数年前からは、一般の合同会社説明会に参加しています。和歌山市内の説明会では、参加企業およそ50ブースのなかでもっとも多くの希望者が私たちのブースを訪れてくれました。大阪の説明会で

みかん加工品が人気だ。少なくとも毎年ひとつは新製品を発売している。

もたくさん来てくれます。ここ数年は大学生を中心に4、5人ずつ採用していて、千葉大や三重大、和歌山大、愛媛大などの国立大学からも人を採用できるようになりました。

—— 希望者が増えてきた今、早和果樹園として必要な人材を、どのような基準で採用していますか。

当社に興味を持ってくれる学生には、こう話しています。「安定を求めるなら、うちに来ないほうがいい。小さな会社だし、給料も高くない。でも、成長への意欲が強いなら、自分の力を目一杯試して、伸ばしていける楽しみはあるよ」。安定よりも、伸びたいという気持ちがある人に来てほしいですね。それとやはり、性格のいい人。ちゃんとコミュニケーションが取れる人がほしい、というのはあります。

対面での試飲販売がやりがいを生む

―― 人材は採用して終わりではなく、育てていかなければなりません。社員を定着させるために取り組んでいることはありますか。

ありがたいことに、うちに入社してくれた人たちは、意外と辞めずに続けてくれています。定着率は高いと自負しています。

その理由としては、仕事にやりがいを感じてくれていることが一番大きいのではないかと思っています。例えば、社員が交代で担当する観光地での試食販売では、自分たちがつくったみかんの加工品を、自社ブランドとして販売します。それを試飲したお客さまが「おいしい、おいしい」と言ってくれるんです。自分たちの商品がお客さまに評価される。これが仕事のやりがいにつながっているのではないでしょうか。

もうひとつは、うちには年配の従業員もいて、年の離れた若い人たちを大事にしてくれています。家庭的な雰囲気の職場だと思います。また、試食販売で訪れる取引先の社長さんが、うちの社員のことを褒めてくれるんです。「早和さんの社員は一生懸命にやっている」って。それを私が社内の朝礼でみんなに伝えます。人は褒められればうれしいし、仕事が評価されれば張り合いも出ます。そういうことも定着率を高めている要因かなと思います。

ITで農業の何を変えていくのか

―― ICTやロボット、ドローンは今後農業にどのような影響を与えると思いますか。また自社ではどのような活用を考えていますか。

ある大手メーカーの協力を得て、生産性の数値化に取り組んできました。やめていくみかん農家が多いなかで、自分たちでみかん栽培を増やしていかなければならない。そうわかっていても、畑や人を増やして果たして採算が合うのか不安だったからです。ICTを活用したシステムで収支を分析してみると、大きな儲けは期待できなくても、なんとかやっていけそうだという感覚がつかめてきました。それに後押しされて、最近は耕作放棄地を預かる形での生産を増やしています。

ICTを活用した畑作業の効率化にも取り組み始めていますが、なかなか難しいですね。生産者自身、ICTでどんなことができるかわかっていないので、ＩＣＴ導入だけで大きな効果が出るところまでは至っていません。しかしクラウド農業との関わりで考え方も進み、急傾斜の園地で見回りが大変な所にドローンを飛ばして見回りをしています。最新のドローンはすごく賢くて、今後いろいろな作業に役立ってくれると思います。現在、IT企業さん側の関心は非常に高く、今後ITそのものが農業に入り込んで、いろんな部門でIT化が進んでいくのは間違いないでしょう。そこは私も期待しています。

―― HACCP（食品衛生管理の規格）やISO（国際間取引をスムーズにするための規格）、GAP（農業生産工程管理）などの規制・規格、ルールに関してはどう取り組んでいますか。

最初に取得したのは和歌山県食品衛生管理認定制度（県版HACCP）です。県版HACCPは、国際的に通用する規格と手法は同じでありながら、費用がかからないので、中小企業には取り組みやすいんです。入門として県版を活用し、徐々に高いレベルを狙うようにしました。

今はJGAP（日本版GAP）の取得を目指しています。生産・加工業者であるからには、GAPは必要だと考えています。将来はもちろんGLOBAL G.A.P.やISO22000を取得したいと考えています。

まとめ

早和果樹園は、「にっぽんのおいしいみかんに会いましょう」という社是を掲げて事業を推進しています。理念を「会社が進む方向を示したもので社長の決断するための道しるべ」と位置付けています。社員は60人規模に増えており、気持ちがバラバラとなり、競争力の喪失を防ぐために毎朝の朝礼で社是を唱和しています。

ターニングポイントに法人化を挙げています。法人化により、事業体としての覚悟と研修生の受けいれに伴う通年での仕事の確保が必要となり、計画性を持つことも重要となりました。法人化（事業体としての覚悟と計画性）は、加工業や商品開発に挑戦するなど現在の礎となっています。

ビジネスモデルは、「有田みかんというブランド」を生かしながら、周辺の生産者に委託栽培してもらい、責任を持って買い取り、それらを加工したり、生果として販売したりしています。今後も、みかんを深掘りすることを追求し、例えば、機能性のあるみかんの皮を漢方の陳皮として商品化したり、種苗の開発などに取り組みます。

バリューチェーンは、「自分たちでつくって、売る」をコンセプトにしています。これは単なる原料供給では利益が出にくく、打ち切りのリスクもあり、計画性も乏しいため、生産・加工だけでは収益性が低く、販売やブランドが収益源のひとつとなっているためです。今後はネット販売に注力していく方針ですが、これは店頭でファンになってくれたお客のリピート注文の受け皿としてネットを活用するためです。つまり、「店舗（リアル）→ネット（バーチャル）への送客の仕組み」の確立を目指していると言えます。

商品化についても、「おいしいみかんを使った生産者ならではの商品」にこだわり、手ごろなボリュームゾーンか高価格帯のこだわり路

加工場では、主力商品であるみかんジュースが続々とできあがっていた。大型の設備投資も行っている。

線を狙うのかを目安にしています。

生産面では、みかんはどうしても急斜面での栽培となり、生産性が低く、危険が伴うため、どのように改善していくのか、が大きな課題です。販路は価格を守ってくれることが最低条件ですが、オールチャネルで展開しています。物流は業者を活用していますが、搾汁ラインと果汁の保管の設備は自前で新設しています。

パートナーの条件としては理念の共有を挙げています。グローバル展開では、国内マーケットが縮小していくため海外に出ていくという考えに基づいて、国内同様に試食販売を行っています。

KPIはPLの指標を中心に売上高で4年後(2020年) 20億円、10年後50億円、経常利益は10%を目標に掲げています。特筆すべきは、毎年、3つの新商品をマーケットに出すという新商品数を目標値として設定し

Ⅰ 戦略

❶ ビジョン

- 「にっぽんのおいしいみかんに会いましょう」が社是
- 理念は会社が進む方向を示したもので社長が決断するための道しるべ
- 理念がないと社員が 60 人に増えたので気持ちがバラバラでは競争力が喪失するリスク

❷ ターニングポイント

- 1970 年代の価格の大暴落
  →試行錯誤で夏のハウスみかんなどの成功
- 研修生が来て、「計画性」が必要になった
- 共撰組合から法人化
- 上記を通じた「事業体としての覚悟」の醸成

❸ ビジネスモデル

- 有田みかんというブランド
- 周辺の生産者に委託栽培してもらい、責任を持って買い取り

❹ 成長戦略

- みかんの深掘り。例えば、機能性がある皮を漢方の陳皮として利用
- 新たな種苗（早和の香）を開発

Ⅲ 管理／人・組織

⓫ KPI

- 売上高：4 年後（2020 年）20 億円、10 年後 50 億円
- 経常利益：10%
- 毎年、3 つの新商品を発売

⓬ 資金調達

- 多岐にわたる（日本政策金融公庫、商工中金、紀陽銀行など）
- 少人数私募債（社債）で 5000 万円
- 自社のやりたいことに即した補助金を活用

⓭ 法人格

- 早和共撰→有限会社→株式会社
- 節税効果よりも経理費用がかかり、費用面でのメリットは小さい
- 最大のメリットは計画を立てて農業を行うこと

Ⅱ バリューチェーン

❺ バリューチェーンと商品

- 自分たちでつくって、売るところまでやっている。今後はネット販売を強化
- 原料提供は利益が望めず、計画性も乏しいので慎重に検討
- 生産や加工だけでは利益は出にくいため、自社販路・ブランドが重要
- おいしいみかんを使った生産者ならではの商品化
- 手ごろなボリュームゾーンか高価格帯のこだわり路線のどちらを狙うのかが判断目安

❻ 生産

- 急斜面での生産は非効率で危険度も高いことが課題

❼ 販売

- オールチャネル
- 展示会がきっかけ
- 価格を守ってもらうこと

❽ 物流／設備

- 生のみかんは JA と連携
- 運送業者を使って、東京、新潟、関西へ配送
- 加工品はヤマト運輸、日本郵便の宅配便
- 搾汁ラインと倉庫は自前

❾ パートナー

- 自分たちが成長し、相手と対等に渡り合え、理念を共有できること

❿ グローバル

- 国内は人口が減っていくマーケットなので海外に出ていくべき

⓮ 人材

- 安定よりも伸びたいという気持ちのある人が採用基準
- 一般の合同会社説明会にも参加
- 国立大学も含めて 4 ～ 5 人を採用

⓯ IT／レギュレーション

- ICT 企業と共同で生産性の数値化に取り組む
- 畑や人を増やした場合の収支を ICT で分析
- 一方、ICT のみで畑作業の効率化は難しい→生産者自体が ICT でどんなことができるのかがわかっていないので効果まで至らず
- 県版 HACCP を取得して徐々に高いレベルに移行予定
- JGAP の取得を目指す

ていることです。数値目標として明確にすることで新商品開発を活性化させています。

法人化は、株式会社について、一般的に思われている節税効果は、経理費用のため費用面でのメリットは小さいですが、最大のメリットは計画を立てて農業を行うようになったことを挙げています。

資金調達は、多岐にわたっていますが、知り合いなど個人向けに私募債（社債）を発行して資金調達をしたことはユニークな取り組みです。

人材については、「安定よりも伸びたい人を採用基準」としています。また、農業系の人材のイベントに参加するだけでなく、一般の合同説明会などにも積極的に参加し、人材の確保を目指しています。一般の説明会では農業は珍しいため参加者に興味を持ってもらいやすく、多くの方にブースを訪れてもらうなど効果が高いものになっています。

ITは、ICT企業と共同で生産性の数値化に取り組んで、収支の分析は行っていますが、畑作業の効率化にまでは進んでいません。これは生産者自体がITでどのようなことができるのかがわかっていないためです。生産者のITリテラシーの向上が農業におけるIT活用のボトルネックになっているのではないでしょうか。レギュレーションについても、まずはJGAPの取得を目指し、将来的にはGLOBAL G.A.P.の取得も視野に入れています。

Chapter-7

野菜の値段を「自分で」決めるための挑戦

株式会社野菜くらぶ ●群馬県利根郡昭和村

群馬県に拠点を置く野菜くらぶは、有機栽培した野菜を新鮮なまま食卓に届けることを目的に設立された農産物の販売会社である。有機農業生産と有機食品加工を担うグループ会社のグリンリーフや契約農家から仕入れた野菜や加工食品を、全国の生協やスーパーマーケット、外食産業向けに年間を通じて販売している。社長の澤浦彰治氏は、こんにゃく芋栽培から始めた父の農業を継いだ2代目。野菜に自分たちで値段をつけて販売するという試みは、どのようにして生まれ、どのように実を結んできたのか。その軌跡をたどった。

社長の顔色をうかがう社員はいない

―― 野菜くらぶは、お父さまである現会長が始めたこんにゃく芋の農業生産(現グリンリーフ)を母体に、農業後継者3人で立ち上げられました。現在は澤浦社長がグリンリーフの社長も兼ねておられます。会社を経営するうえで、経営理念やビジョンについてどう考えていますか。

私たちは、「よい土をつくるには、よい人をつくることから。それが感動を生む農業へとつながる」という思いから、「感動農業・人づくり・土づくり」を経営理念に掲げています。経営理念こそが会社の存在意義であり、会社そのものだと考えています。また、10年後のビジョンとして、「大家族経営」「健康な食の創造企業」「食卓に並ぶ農産物を年間生産供給できる農業会社」「人材育成会社」の4つを掲げています。

こうした会社の考え方や価値観、会社が目指すべき方向を明らかにすることで、働く人たちがそこに向かって仕事をすることができます。社長の顔色をうかがいながら仕事をするのではなく、現場の社員一人ひとりが目的を理解しながら自律的に仕事に取り組める。ですから、幹部会議でも「社長、それは違うと思います」と忌憚ない意見がバンバン飛び出します。経営理念を社員が共有することで、そんな効果もあ

澤浦彰治（さわうら・しょうじ）●
株式会社野菜くらぶ代表取締役社長。1964年、群馬県昭和村生まれ。83年群馬県立利根農林高校を卒業後、群馬県畜産試験場での研修を経て、実家にて就農。こんにゃく価格の暴落をきっかけにこんにゃくの製品加工に着手。92年、3人の仲間とともに有機農業グループ「昭和野菜くらぶ」を立ち上げ、有機栽培を本格的に開始する。94年、家業を農業生産法人化（現グリンリーフ株式会社）させる。96年有限会社野菜くらぶを設立し、2002年株式会社化した。著書に『農業で成功する人 うまくいかない人』『小さく始めて農業で利益を出し続ける7つのルール』がある。
野菜くらぶ http://www.yasaiclub.co.jp/

株式会社野菜くらぶ● 2002年、群馬県利根郡昭和村にて設立。売上高は34億円（17年グループ連結）、従業員数はグループ全体で159人。近隣の野菜生産者3人で結成した有機野菜生産グループ「昭和野菜グループ」を母体として発展、1996年に有限会社化。レタス、トマト、キャベツなどを中心に、約40品目の野菜生産を主力事業として手がけている。群馬県のみならず、青森県や静岡県、島根県などでも農場を展開。就農希望者の独立支援にも熱心に取り組んでいる。

ると思います。

危機のなかに成長の芽がある

—— これまでをふり返って、一番のターニングポイントは何でしたか。

父の代のときに経験したガット・ウルグアイラウンド（1986～1994年）と経営危機です。ウルグアイラウンドでは、牛肉とオレンジの自由化、それにコメのミレニアムアクセスが決まったのですが、それまで養豚も営んでいた私にとって、牛肉の自由化は大きな衝撃でした。これから安い牛肉が海外から入ってくれば、豚肉を食べていた人は確実に牛肉に流れる。養豚ではこの先やっていけない。やばいぞ、と。それで1991年、養豚を廃業し、その資金を元手に独自の製法でこんにゃくの製品加工を始めました。商品に付加価値をつけるためです。

また、1988年から90年にかけて農産物の値段が暴落しました。それまではつくった農産物はJAに出荷するだけで、自分たちで値段を決められませんでした。相場が暴落すると、借金も肥料代も払えない状態に。農家の経営が安定しないのは自分たちで値段を決められないことにあると痛感し、自分たちで販路を開拓する「野菜くらぶ」を立ち上げたのです。

―― ウルグアイラウンドと経営危機は大きな試練だったと思います。ほかにも危機的状況を乗り越えた経験はありますか。

野菜くらぶが出荷したレタスが腐っていたことがありました。するとお客さまが一言、「真空冷却できるJAじゃないとダメだな」と。それで一念発起して、真空冷却機を自社開発して導入しました。

また、冷涼な気候を好むレタスは、群馬の私たちの農場では夏期の生産が不安定でした。これが原因で取引先との契約が打ち切りになったこともあります。そこで夏レタスの産地である青森や、冬でもレタス栽培ができる静岡に農場をつくり、通年で生産できる体制を整えました。

もっと最近の危機で言えば、東日本大震災での原発事故です。私たちの野菜は「有機栽培」や「特別栽培」が売りですが、放射能汚染への不安から、群馬県産というだけで出荷停止となり、売上が半減しました。「有機栽培」や「特別栽培」だけでは万全ではないと痛感し、「利便性」を打ち出した惣菜キットの生産販売を始めました。

このように、危機はところどころで経験しています。ただ、よく考えると、危機的状況のなかで次の成長の芽が生まれているものですね。危機がなかったら、いまの自分たちはなかったかもしれません。

—— 自社の将来を考えたときに、取り組むべき経営課題は何だと思われますか。

一番重要なのは商品開発です。なぜなら、商品開発＝顧客の創造だからです。もうひとつは生産性の向上。生産の競争力を高めると同時に、働く人たちの福利厚生の充実も含まれます。

有機農業がビジネスモデルの核

—— グループ全体のビジネスモデルにおいて、強みはどこにあると考えていますか。

何かひとつの要素で「これが我が社の強みです」ということではないと思います。たとえば、取引先の要望と生産者の栽培計画を調整し、野菜を新鮮なまま出荷するスタイルや、全国6カ所に産地を分散させて年間を通じて安定的に生産できる体制、有機栽培する野菜と同じように添加物を使わない加工食品など、いろんな要素がからみ合って自分たちの強みになっています。

ただ、ビジネスモデルの核は有機農業生産であり、これが一番の強みだと考えています。有機農業生産という核があり、それを生かす仕組みが構築できていること。有機農業生産を核とする仕組みが一つひとつの商品づくりでうまく機能し、他社にはない独自の商品やサービスにつながっていると思っています。

―― そうした強みを生かして、次の成長戦略をどう考えていますか。

目先のことでは、野菜くらぶの集出荷センターを新たに建設します。簡単に言えば、加工メーカーの負担を減らす形で農産物を納入できる施設になる予定です。そうすることで、お客さまにも、生産者にも、自分たちにも価値のある新たな農産物マーケットが生み出せるのではないかと考えています。センターの建設はかなりの投資になりますが、新たな価値の創造により、イニシャルコストは減価償却できると考えています。

長期的には、お客さまの要望に寄り添いながら、生産を永続できる仕組みをつくること。これが、いま一番自分たちがやらなければならないことです。

野菜くらぶで、まずは年商50億円を目指したい。流通に携わる社員の将来を安定させるためには、それくらいの規模は必要だろうと思います。そしてグリンリーフでは20億円。単に売上を追求するのではなく、お客さまとの良好な関係を築きながら、働く人も生産者もみんなハッピーになれるだろうと思っています。

―― 年商50億円という話がありましたが、仮に農業法人が10年後に500億円を目指すとしたら、どのようなブレークスルーが必要でしょうか。

500億円を目指すなら、農業生産をやめますね。加工や流通に特化したほうが、500億円到達は早いと思います。

自己資本比率は3割以上が鉄則

―― 今後の成長に向けてどのような目標値を設定していますか。農業経営で収益を上げていくためのポイントがあれば教えてください。

自己資本比率がとても大事だと思っています。これを実感したのは、東日本大震災のときです。震災で当社の主力である有機食品が売れな

事業の幅は広がり続け、現在3次領域を計画中である

有機農業生産を軸に、多くの品目を生産、加工。より安全・安心を求める顧客に対して安定した販売を続けている。加工による付加価値化よりも生産段階での差別化を重視している。

〈凡例〉
現在 ■
※数字は展開の順序

生産品目 × 事業領域（ヒアリング時点）

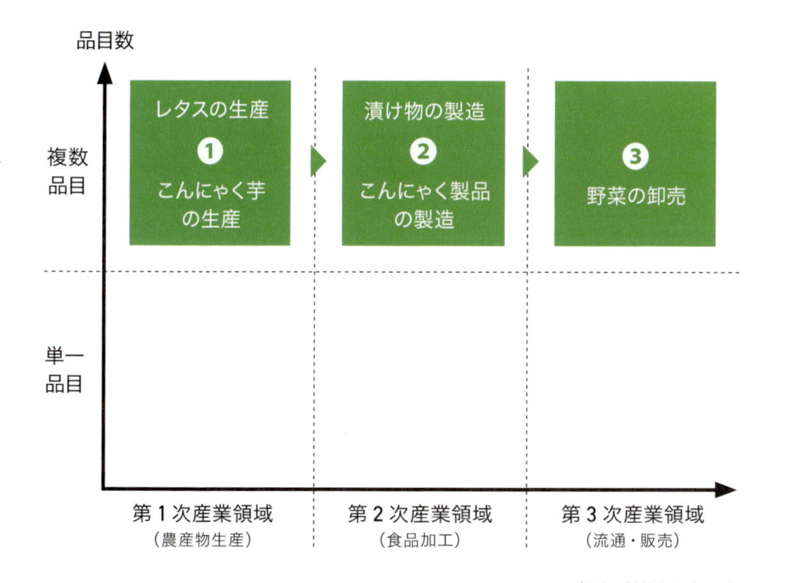

出所：対談をもとにトーマツ作成

くなり、利便性を打ち出した惣菜キットの製造販売を始めたことはすでにお話ししました。

ただ、惣菜キットの製造を始めるにしても、売上が激減しているため投資ができない。そこで借入を増やして総資産を増やしたのですが、それが可能だったのは自己資本比率が30％あったからです。借入を増やしたことで自己資本比率は20％まで落ちましたが、いまは徐々に戻りつつあります。

中小企業では自己資本が最低でも3割は必要だと言われますが、その通りだと思います。従業員が増えていくにつれ、自己資本も厚くしていく必要があります。そうでなければ、経営が傾いたときに、解雇

やリストラに直結してしまいますからね。従業員が安心して働けるために、自己資本比率3割を維持することはとても大事だと思います。

――その意味でも、毎年の利益をどう使うのか、どれだけ投資にまわし、どれだけ内部留保にまわすのかは重要なポイントだと思います。そのあたりはどうお考えですか。

自分では経常利益10％が理想だと思っています。ただ、正直なところ、それは過去に一度しか出したことがないですけれどね。

6次産業化には時代の要請もあった

――グループ全体では、生産（1次産業）から、加工（2次産業）、流通（3次産業）まで手がける6次産業化を実現しています。これから農業の6次化に興味を持つ生産者に対し、アドバイスするとしたらどのような言葉をかけますか。

農産物を加工すれば付加価値がついて売れると考えがちですが、それは早計です。やはり、もととなる農産物に競争力がなければ、加工しても魅力ある商品にはなりません。農産物それ自体を、「あそこのものがいい」と選ばれるものにしていく。あとは、自分たちが拠点を置く地域の強みをどう生かしていくかを考えることも大切でしょうね。

――安易な6次化は失敗すると。

そう思います。当社でも少し前まで、農業に熱い思いを抱えてやって来た若者が、2、3年で辞めてしまうことがありました。「野菜くらぶのように、自分たちで販路を開拓する事業をやりたい」。そう言って出ていくわけです。でも、それは無理だよ、って私は言うんです。なぜなら、野菜くらぶがここまで成長できたのは、それを後押しした時

加工場の様子。顧客の利便性追求に早くから着目し、資金が潤沢でない時期から真空冷却機を自社開発して導入したほどの力の入れようだ。

代背景があるからです。農家が自分たちで売り先を見つけられなかった時代に、なんとかそれを実現しようと思って私たちはやってきた。お客さんと一緒に成長してきたわけです。

たとえばいまの時代、クルマ好きな人がトヨタでしばらく修業した後、第二のトヨタをつくるんだと言って起業する人はいますか？　いませんよね。すでに市場が成熟し、プレイヤーも再編・集約されているなかで、いまから自動車メーカーをつくろうという人は出てこないわけです。農業でも同じような状況になっていくと思います。これから“第二の野菜くらぶ”が出てきても、成功するかはわかりません。

それよりも、私が家族経営の農家だったら、野菜くらぶのような出荷組織に野菜を出荷する側の生産農家でいることを選びます。自分たちで値段を決められるなら、生産に特化したほうが豊かな生活が送れますから。

海外では食の「ローカル化」が進む

―― 農業のグローバル化や輸出についてはどう考えますか。賛成ですか、反対ですか。

輸出もひとつの販売先と考えれば、重要な要素になってくると思います。私たちも実際、しらたきを輸出しています。

ただ、海外に目を向けると、アメリカではいまや「グローバル」ではなく「グローカル（グローバルとローカルを掛け合わせた造語）」が注目されています。つまり、世界規模に展開しながら、地域に根ざして行動するという考え方が主流です。ヨーロッパではもはや「グローバル」を唱える人は多くはないのではないでしょうか。むしろ「ローカル」「エシカル（倫理的）」「サステイナブル（持続可能な）」といった言葉に表されるように、身近なものを消費して地元に貢献したり、地域でエコシステムを循環させたりする文化が根づきつつあります。

かといってグローバル化がなくなったわけではありません。金融や保険、投資、石油、コモディティ化した穀物などはますますグローバル化が進んでいます。一方で、暮らしや食については、ローカルなものの価値が高まっている。その辺を認識する必要があると思います。

―― 海外で食のローカル化が進む背景には何があると思いますか。

ずばり、国防の意識でしょう。欧米を訪れて感じるのは、もし戦争が起きた場合に重要なのは食べ物やエネルギーの確保だということで、自国で生産されたものを食べる、あるいは自国でエネルギーを賄うという意識が国民全体に浸透していることです。島国の日本とは違って、特にヨーロッパでは、国境を接する国同士で戦争が繰り返されてきま

野菜くらぶの強み

有機農業生産を軸に、いろいろな要素が合わさって強みを形成している。

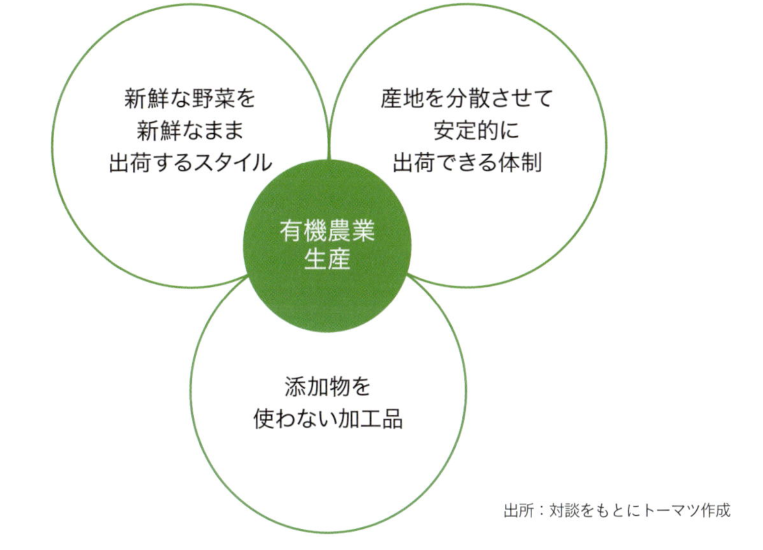

出所：対談をもとにトーマツ作成

した。国防としての食の確保はとても身近な問題なのだと思います。

農家がつくるこんにゃくが大ヒット

―― 先ほど重点的に取り組む経営課題として、顧客の創造につながる商品開発を挙げていただきました。どのような考えで商品開発を行っていますか。

一番のテーマは「有機栽培」「有機食品」です。有機食品の市場シェアは日本ではまだ0.2%ですが、海外を見るとドイツでは12%、フランスでも8%のシェアを占めています。これから日本でも開拓の余地があると思っているので、力を入れていきたいですね。当社がつくるこんにゃくは有機栽培が8割くらいになっています。

また、お客さまから要望される「有機栽培」だけでなく、先ほどお話しした惣菜キットのように、「利便性」を付加した商品開発も行っています。自分たちが得意な農業生産を核に、そこから派生するさまざまな加工やサービスも取り組むべき範疇と捉えています。

―― 現在、200を超える商品を生産販売しています。新商品を開発する際の基準はどのように考えていますか。

ひとつはお客さんからの要望で、「こんなのが欲しい」という声がきっかけになることもあります。もうひとつは、自分たちからの提案です。「これはおいしいから、ぜひお客さんにも紹介したい」とか、「こんなのがあったら便利だな、自分たちも欲しいな」という商品を世の中に出していく。つまり、これまでなかったものを提案する商品づくりです。

―― 自分たちのアイデアを世の中に提案して、ヒットした例があれば教えてください。

こんにゃくで言うと、手で丸めたこんにゃくです。グリンリーフが最初にこれを始めた頃は、生芋のこんにゃくはあまり世の中にありませんでした。農家でつくるこんにゃくはおいしい、と好評だったので、そのままのつくり方で世に出したら絶対に売れるだろう、と思ったのがきっかけです。ただ、資金不足で四角い型が買えず、しょうがないから手で丸めようと。それがかえって注目され、ヒットしました。

漬け物では、「糖しぼり大根」という商品があります。有機栽培でつくった大根は、曲がったり割れていたりするものは捨てていましたが、当時パートだった社員が、捨てるのはもったいないと漬け物にして持ってきたんです。それをみんなで食べたら、とてもおいしかった。じゃあ、漬け物もやろうか、と気軽な気持ちで始めました。

商品開発の2つの考え方

野菜くらぶでは、「商品開発は顧客の創造」という考えのもと潜在的なニーズを掘り起こす取り組みもなされている。

お客さまの声 対応型

お客さまからの要望で、「こんな商品が欲しい」という声がきっかけになる商品開発

自社提案型

「これはおいしいから、ぜひお客さんにも紹介したい」「こんなのがあったら便利だな、自分たちも欲しいな」という思いからつくる商品開発

商品事例❶

生いも まるごと芋こんにゃく

開発当時は、生芋のこんにゃくがまだ世の中にあまりなかったので、農家がつくる、手で丸めたこんにゃくは手作り感もあり目を引くものだった。

商品事例❷

糖しぼり大根

有機栽培でつくった大根は、曲がったり割れたりするものは捨てていたが、当時パートだった社員が、捨てるのはもったいないと漬け物にしたらおいしくて社内で好評だったため、本格的な開発に踏み切った。

出所：対談をもとにトーマツ作成

ところが、最初は店に置いておくだけではなかなか売れませんでした。食べてもらえればおいしさがわかって、きっとリピーターになってくれる。確信はありましたが、それを伝える手段がなかったのです。ちょうど宅配のパルシステムさんで取扱いが始まり、カタログで商品の良さや背景などを説明したところ、大ヒット商品になりました。いまは店頭での商品訴求に熱心なスーパーさんでも置いてもらっていて、店頭でも人気の商品です。

全国を産地リレー

―― 農地の確保は、規模を拡大するうえで重要なテーマのひとつです。現在、全国6カ所（青森県、群馬県2カ所、静岡県、京都府、岡山県）で生

産されていますが、産地の選定基準はありますか。

年間を通じて農産物を安定的に供給するために、地域間の補完関係を重視して選んでいます。たとえば春から秋にかけて生産するのが群馬県利根沼田地区、真夏に栽培をするのが青森県黒石市、秋から春を中心に栽培するのが静岡県菊川市といった具合です。

また、岡山県の蒜山高原で産地開発を始めましたが、ここは関西方面で夏レタスを栽培できる数少ない産地です。私たちが群馬で実践しているように、関西の人たちにも朝採りレタスを食べてもらえたら——、そう思って始めました。

もし、朝採りレタスを関西でも食べることができたら、これは画期的なことです。そうすると地域の農業が、朝採りという付加価値で差別化できることによって相場で流されない農業になるんですね。このように生産性と付加価値向上の観点から産地を選んでいます。

ひとつネックがあるとすれば、物流です。産地に選んだエリアの周辺で将来も生産を広げていけるかどうか、加えて首都圏など大消費地につながる交通網が整備されていくか。これらの観点も重視しています。

営業スタッフが笑顔になれる相手と組む

—— 販路について伺います。野菜くらぶで独自に販路を開拓されていますが、どんな流通企業や外食企業と組んでいるのか、販路の選定基準はありますか。

やはり、経営者の思いや理念を共有できる相手と組みたいと思っています。思いや理念が一致していない相手からは、無理な要求を受けることもあります。窓口となる当社の営業スタッフも辛いですし、関係が続かないですよね。

当社の場合、幸いにも、理念や考え方を共有できるお客さまが増えています。ですから、営業スタッフも相手先を訪問して商品を紹介するのが楽しいようです。お客さまから「もっとこんなことはできないか」とアイデアを頂いてきては、それを商品化してお客さまのところに持っていく。「こういうのが欲しかったんだよ」と感謝されて、それがヒットすればお互いにうれしいですよね。そうやって関係が成り立っていくのだと思います。

自分たちの理念や考えをしっかり持って、それに基づいて商品開発や経営を行っていれば、共鳴してくださるお客さまがおのずと現れます。そういう方々と一緒に取り組むことで、いろんな価値が生まれています。

―― 産地選択においては物流もネックになるという話がありました。自社物流を整備すれば安定するという見方もありますが、その辺はどう考えますか。

物流に関しては、すべて業者に委託しています。自社ではトラックを1台も持っていません。おっしゃるように、自社物流を持つことでコストを抑えられるように思えますが、そのぶん固定費がかかるし、リスクも高まるからです。

私たちはものを運ぶのが仕事ではなく、育てた野菜を新鮮なままお客さまに届けるのが仕事です。物流はプロに任せるというスタンスでずっとやってきています。

設備投資への補助金はもっとあっていい

―― 最近は農業業界での資金調達先の選択肢が増えています。日本政策金融公庫、投資育成会社、都銀、地銀、信用金庫などさまざまな選択肢があるなかで、付き合う金融機関をどのように選んでいますか。

長期資金と設備資金は公庫さんが中心で、日々の運転資金は地銀さんや信用金庫さんにお世話になっています。運転資金は公庫さんにメニューが少ないため、必然的に地銀さんや信用金庫さんから調達しています。逆に設備資金は、金利負担の軽い公庫さんでお願いしている状況です。また、アグリビジネス投資育成から出資いただくことで、自己資本比率の向上につながっています。あとはお客さまや従業員による持株会の出資のほか、補助金も活用しています。

――補助金の活用についてはどのように考えていますか。

挑戦したい事業があって、それに見合った補助金を活用するのは、資金調達の選択肢のひとつとして有意義な活用方法だと思います。ただ、補助金がもらえるからこの事業をやる、という使い方はどうかと思います。最近は6次産業化に補助金がつくという理由で、利益の出ない工場をつくってしまうケースもあるように思います。

申請作業に関していつも感じるのは、農業関係の補助金は申請書の作成が複雑です。申請の根拠を細かく求められるため、高い事務能力が必要となります。もう少し簡素化されると活用しやすくなるのではないでしょうか。当社は経済産業省や厚生労働省の補助金も活用していますが、これらは比較的簡単に申請できるように思います。

――こういう補助金があったら便利だな、というものはありますか。

農業生産法人が規模を拡大していくうえで、設備投資への補助金はもっと手厚くてもいいと思います。農業に対する補助金というだけで「けしからん」と目くじらを立てる人がいますが、補助金も資金調達の選択肢のひとつである以上、農業の発展のためには不可欠な手段です。補助金に対する正しい理解を得るためにも、農業の発展に必要な投資型の補助金と、価格補填のような消費型の補助金は切り分けて議論す

有機農法から生まれるこんにゃくが野菜くらぶの代表的な商品だが、漬け物などのヒット商品も生まれてきている。

べきです。

関連して言えば、農業関連予算のうち、農業経営など直接農業にアプローチする予算は3分の1くらいしかないと聞いたことがあります。“農業関連”という名のもとにいろんな調査やコンサルティングの費用に使われているのが気になります。

株式会社化は経営の自主性を守ることが大切

――自社のステージごとに法人格（有限会社や株式会社）を変えるなど、どう考えるとよいでしょうか。

グリンリーフの場合、もとは澤浦農園という屋号でスタートし、1994年にグリンリーフ有限会社、その後株式会社に組織変更しました。

野菜くらぶは、昭和野菜くらぶという屋号で始まり、1996年に有限会社野菜くらぶ、その後株式会社に変わりました。

有限会社からスタートしたのは、当時は有限会社しか農業に従事できなかったからです。その後、株式会社にも農業が認められたため、株式会社に変更しました。

とはいえ、有限会社のままにしておいてもよかったんです。それでも株式会社に変えたのは、投資育成会社から出資を受けるにあたり、無議決権株式を発行することで意思決定権を自分たちで握っておくためです。当時、有限会社は、配当優先で議決権を持たない無議決権株式を発行することができませんでした。その場合、投資育成会社は経営に口を出さないとはいえ、制度上は議決権を握ることができるため、会社の自主性が奪われる事態に陥らないとも限りません。それを防ぐためのリスクマネジメントとして、株式会社化しました。

海外の農業を支える外国人労働者

――農業業界は人の確保が大きな課題です。

当社でもそれは課題です。特に田舎で営む農業では、労働力の確保が難しいんです。私たちが拠点を置く群馬県の利根沼田でも、10年間で17％もの労働力人口が減っています。

農業での人材不足を補うには、外国人の労働力の活用を真剣に考えていく必要があると思います。地方がどのように外国人労働者を受け入れ、日本の文化に溶け込ませていくのか、また犯罪が起きないような仕組みを地域でどうつくっていくのか。これらはとても重要なテーマです。

海外を見ると、アメリカやドイツ、フランス、ニュージーランド、オーストラリア、カナダ……、先進国といわれる国では外国人労働者が働いていて、農業生産の基盤の部分を賄っています。

アメリカやニュージーランドで実際に話を聞いてみると、外国人労働者が最も所得を得られるのは農業なんです。たとえばアメリカでは、外国人労働者は農業以外では1日4時間しか働けません。だからダブルワークやトリプルワークが当たり前。でも農場でなら1カ所で12時間働ける。しかも歩合給なので、最低賃金よりも多く稼ぐことができます。だからみんな農場で働くんです。

では日本はどうかというと、研修生として外国人を受け入れてはいます。当社にもタイから研修生が来ています。ただし、あくまで研修生であり、労働が目的ではありません。労働市場としての日本の国際競争力はないに等しい。先進国のなかで、外国人労働者が農業で働けないのは日本だけです。

農業で働く大人の姿を見せる

―― 農業業界では人材が定着しにくいという悩みもよく聞きます。

その通りです。作物を育てる技術やノウハウを習得するのに10年くらいかかります。技術を持つ人をどう育てていくのか、定着させていくのかが次の課題です。

―― 人を定着させるために取り組んでいることはありますか。

農業で長く働いてもらうには、それで安定した生活を送ることができ、家も建てられるくらいの給与や報酬を払えないといけません。それを可能にするビジネスモデルの構築が不可欠であることは言うまでもないでしょう。加えて、働きたい人が気持ちよく働ける環境を整えていく。私たちが職場内託児所をつくったのもそうした思いからです。

託児所を社内につくることで、子どもが親の働く姿を見ることができます。これはすごく重要だと思いました。子どもたちは「パパがやってる仕事を僕もやりたい」「僕も一緒にトラクターに乗りたい」と言います。トラクターに乗っている大人がカッコよく見えるからです。そういう大人の姿を見て育った子どもは、「自分もお父さんみたいにカッコよく働きたい」と仕事に対して積極的に関わろうとするでしょう。職場でいい仕事をすれば、所得も高くなり、幸せになれる。子どものうちからポジティブで前向きな仕事観を培える環境を整えることは、とても大切なことだと思っています。

——人材を採用する際の判断基準があれば教えてください。

感謝する相手として、両親または育ててくれた人の名を挙げられる人材です。なぜなら、感謝する対象に親が含まれていない人は、上司や目上の人に敬意を払うことができないからです。そういう人は、たとえ仕事では優秀でも、社内の乱れやトラブルを引き起こす原因になります。

もうひとつ挙げるなら、お金にルーズな人も要注意ですね。どんなに一生懸命に仕事をしても、お金で身を滅ぼすことがありますから。

輸出に道を開いた認証取得

——認証取得に関して伺います。農業生産工程管理の国内認証であるJGAPや、その世界認証であるGLOBAL G.A.P.のほか、加工を行う場合にはISO認証やHACCP認証なども関係してくると思います。認証取得には対外的なアピール効果もありますが、取得や維持にもコストがかかります。どのような考え方で認証取得に取り組んでいますか。

当社はいま、有機JAS認証と、ISO22000、FSSC22000（食品安全マネジメントの規格）、GLOBAL G.A.P.を取得しています。GLOBAL

G.A.P.は、取引先からの取得要請があったこと、また世界に通じる認証だという理由で取得しました。

―― 有機JAS認証やISO22000などを取得して、メリットを感じることはありますか。

有機JAS認証は、制度がスタートした2000年に取得しました。当社の最大の特徴である「有機栽培」を正式に打ち出せるようになったのは、大きなメリットだと感じています。また有機JAS認証は、ヨーロッパやアメリカのオーガニック基準との相互認証が認められています。それによってヨーロッパやアメリカでも「有機」をアピールできること、加えてISO22000を取得したことで輸出につながりました。最近はヨーロッパへのしらたきの輸出が増えています。

―― 最後に農業のICTについて伺います。農業でもドローンなどのロボットやICTを活用して効率化を図る動きがあります。澤浦社長はICTやロボットの可能性をどう考えていますか。

アメリカでは草取りロボットが活躍し始めています。ただ、アメリカのロボットは日本では使い勝手が悪いんです。いま大手メーカーと共同で、ビッグデータや画像処理技術を利用した有機農業に使えるロボットを開発中です。

まとめ

野菜くらぶは、ビジョン・経営理念を現在と将来（10年後）に分けて設定しています。これにより足元の営みとして目指していることと将来に向けてチャレンジしていることがより明確になると期待できます。

ガット・ウルグアイラウンドにより、養豚から、こんにゃくの製造加工へシフトした経験や自分たちで値決めするための組織として野菜くらぶの設立がターニングポイントになっています。数多くの危機的状況に直面しながらも、それらへの対応を通じて成長の芽を創出してきたと言えます。

ビジネスモデルは「有機農業の生産」を核に据えながらもそれらを生かす仕組みとして、お客と生産者の栽培計画の調整機能、全国6カ所での産地リレー、商品づくり、食品加工などの各機能がひとつの仕組みとして機能していることが強みとなっています。

成長戦略は、足元は集出荷センターを新設しますが、お客である加工メーカーにメリットがある形で進めているということで、単なる効率化ではなく、価値創造型の取り組みです。これは長期の成長戦略である「お客の要望に寄り添いながら生産を永続できる仕組みの構築」そのものと言えます。

バリューチェーンについては、単に加工すれば売れるという発想には疑問を呈しています。農業者がつくる商品ですので、農産物自体の競争力があることを、加工した際の魅力ある商品の条件として挙げています。

また、第二の野菜くらぶを目指すことについても警鐘を鳴らしています。野菜くらぶが成長したのは時代背景があったからこそであり、現在とは置かれている状況が異なるためです。つまり、自社の状況や時代背景などを踏まえずに単なる他社の物まねでは上手くいかないと

社内の託児所では、専任の職員と子どもたちがのびのびとすごしていた。敷地のほぼ中央に位置することに、人材にかける思いの強さが表れている。

いうことです。

「有機食品」、惣菜キットのような「利便性のある商品の開発」、「なかったものを提案すること」が商品開発の注力テーマとして設定されています。

生産は全国6カ所で産地リレーを形成していますが、冬と夏のような地域間の補完性を重視して圃場選定を行っています。また、物流も重要な要素であり、周辺エリアへの生産の拡張性や大消費地へのアクセスも重要視しています。

販売とパートナーの選定は思いや理念が共有できることを重視しています。これは理念を持って商品開発を行っていけば、共鳴してくれるお客が必ずおり、そういったお客と一緒に取り組むことで価値が生まれると考えているためです。

Ⅰ 戦略

❶ ビジョン

● 現在の経営理念 :「感動農業・人づくり・土づくり」
● 10 年後のビジョン :「大家族経営」「健康な食の創造企業」「食卓に並ぶ農産物を年間生産供給できる農業会社」「人材育成会社」の 4 つ
●「経営理念こそが会社の存在意義であり、会社そのもの」と位置付け

❷ ターニングポイント

● ガット・ウルグアイラウンドにより養豚の先行きが不透明
→こんにゃくの製造加工へ
● 1988 ～ 1990 年に農産物の値段が暴落
→自分たちで値決めするために野菜くらぶを設立
● レタスが腐ったトラブル
→真空冷却機の自社開発

❸ ビジネスモデル

● ひとつの強みではなく、複合的な要因
● 核は有機農業生産 + それを生かす仕組み

❹ 成長戦略

● 直近は集出荷センターの新設
● 長期的にはお客の要望に寄り添いながら生産を永続できる仕組みの構築

Ⅲ 管理／人・組織

⓫ KPI

● 野菜くらぶで年商 50 億円、グリンリーフで 20 億円が目標
● 経常利益 10%
● 経営の安定のために、自己資本比率 30%

⓬ 資金調達

● 長期資金と設備投資は日本政策金融公庫
● 運転資金は地銀や信用金庫
● アグリビジネス投資育成、持株会も活用
● 補助金は発展に必要な投資型と価格補填のような消費型に分けて議論すべき

⓭ 法人格

● 昭和野菜くらぶ→有限会社→株式会社（野菜くらぶ）
● 当時、有限会社しか農業従事できなかった
● 投資を受け入れる際に無議決権株式を発行するために株式会社化

Ⅱ バリューチェーン

❺ バリューチェーンと商品

- 農産物に競争力がなければ、加工しても魅力的な商品にならない
  →農産物自体で「あそこのものがいい」と選ばれることが重要
- 第二の野菜くらぶを目指しても時代背景が違うから難しい
- 有機食品、利便性が商品開発の注力テーマ

❻ 生産

- 地域間の補完性を重視した産地選定
- 物流視点で周辺への拡張性

❼ 販売

- 思いや理念の共有

❾ パートナー

- 理念や思いがある人と取り組みを行うことが重要

❽ 物流／設備

- 業者に委託（自分たちは運ぶプロではない）
- 自社物流は固定費と高リスク

❿ グローバル

- ひとつの販売先と考えれば重要
- グローカルが注目すべきキーワード

⓮ 人材

- 外国人の労働力の活用を真剣に検討
- 作物を育てる技術を持つ人をどう育てるのかが課題
- 環境整備として職場内託児所を設立

⓯ IT／レギュレーション

- 有機 JAS、GLOBAL G.A.P.など数多く取得
- GLOBAL G.A.P.は取引先からの要請、および世界で通じる認証という理由で取得
- 自社の最大の特徴である有機栽培を正式に打ち出せるので有機 JAS はメリットが大きい
- また有機 JAS はヨーロッパ、アメリカとも相互認証があり、輸出でも有機をアピール
- 大手メーカーと共同でロボット開発中

グローバル展開は、ひとつの販売先としては重要ですが、グローバルとローカルを勘案する「グローカル」に注目しています。サステイナブル（持続可能な）といった、身近なものを消費して地元に貢献したり、地域でエコシステムを循環させたりする文化を海外の消費者は重視するため、これらのトレンドに沿うことを意識したものです。

KPIは野菜くらぶで年商50億円、グリンリーフで20億円、経常利益10％を掲げています。また、経営の安定のために、自己資本比率30％を意識した経営をしています。この数値を意識することで解雇やリストラを避け、従業員が安心して働ける環境を確保しようとしています。

資金調達は長期を日本政策金融公庫、短期（運転資金）の調達先を地銀・信用金庫と、組み合わせて活用しています。特筆すべきは、従業員の持株会への出資による資金調達をしていることです。また、補助金についても重要な資金調達のひとつですが、発展に必要な「投資型」と価格補填のような「消費型」と分けて考える必要性を指摘しています。法人格は、外部からの投資を受け入れる際に無議決権株式を発行するために株式会社を採用しています。

人材は、労働力不足の解消に外国人の活用を検討しています。対談の中で外国人の方々の日本文化への適応、犯罪が起きない仕組みの構築の重要性、およびほかの先進国（アメリカ、ドイツなど）では外国人労働者が農業生産の基盤を担っていることを挙げています。また、従業員のために職場環境の整備として職場内託児所を設立し、人材の確保に取り組んでいます。

IT / レギュレーションは、有機JAS、GLOBAL G.A.P.など数多く取得していますが、自社の最大の特徴である有機栽培を正式に打ち出せるため、有機JASはメリットが大きくなっています。

Epilogue

比べてみると
農業のビジネス化の
ポイントが見えてくる

これまでの章で、農業経営について、「経営者の方々との対談」と「その要点のまとめ」で7社の特徴を明らかにしてきました。
エピローグでは、項目ごとに7社を横断的に見た場合の相違点や特徴をまとめて、どのような示唆があるのかを明らかにすることとします。

これまでの章で見てきたように、各法人は急に現在の企業経営になったわけではありません。家族経営からはじまり外部人材を雇ったことにより法人経営へ移行し、株式会社化による企業経営へと徐々に発展してきました（図表1）。この進化は、社長の実現したいこと（＝ビジョン）のような内的要因と天候不順や価格の下落など（＝ターニングポイント）の外的要因を踏まえ、試行錯誤しながら取り組んできた過程で生まれたものです。

● 家族経営（売上：数千万円）
　人を雇わずに家族で農業経営
● 法人経営（売上：数億円程度）
　共撰・組合や有限会社を組織し、自県や限られたエリアだが、外部人材を雇用して農業経営。この段階では安定的に通年で仕事が必要となり、加工品を手掛けたり裏作に取り組む。
● 企業経営（売上：10億円以上）
　株式会社で全国を対象に、付加価値を上げて収益をあげていく農業経営。この段階では、自社製品のブランド化や営業力の強化に取り組む。

ビジョンを実現するためのビジネスモデル・成長戦略を描き、個々のバリューチェーンの中身を生産・販売・物流・設備を中心に構築していきました。加えて、次なる発展の打ち手として農商工連携のようなパートナーシップや、海外マーケットを獲得するためにグローバル化に取り組む流れが一般的です。

また、バリューチェーンを動かすためには、人や組織・モノ（ITなど）・カネ（資金とKPI）のような企業としての土台の構築も必要になります。法人化の初期の段階では人・組織と資金調達が重要なテーマとなり、企業体として発展していく中で法人格も変遷し、ITを活用したコスト削減やGAPなどのレギュレーションに対応することでの付加価値化の取り組みが生まれてきます。

エピローグでは、このような発展の過程を経てきた7社を横断的に比

図表1　7社から抽出した農業ビジネスの成長の流れ（イメージ）

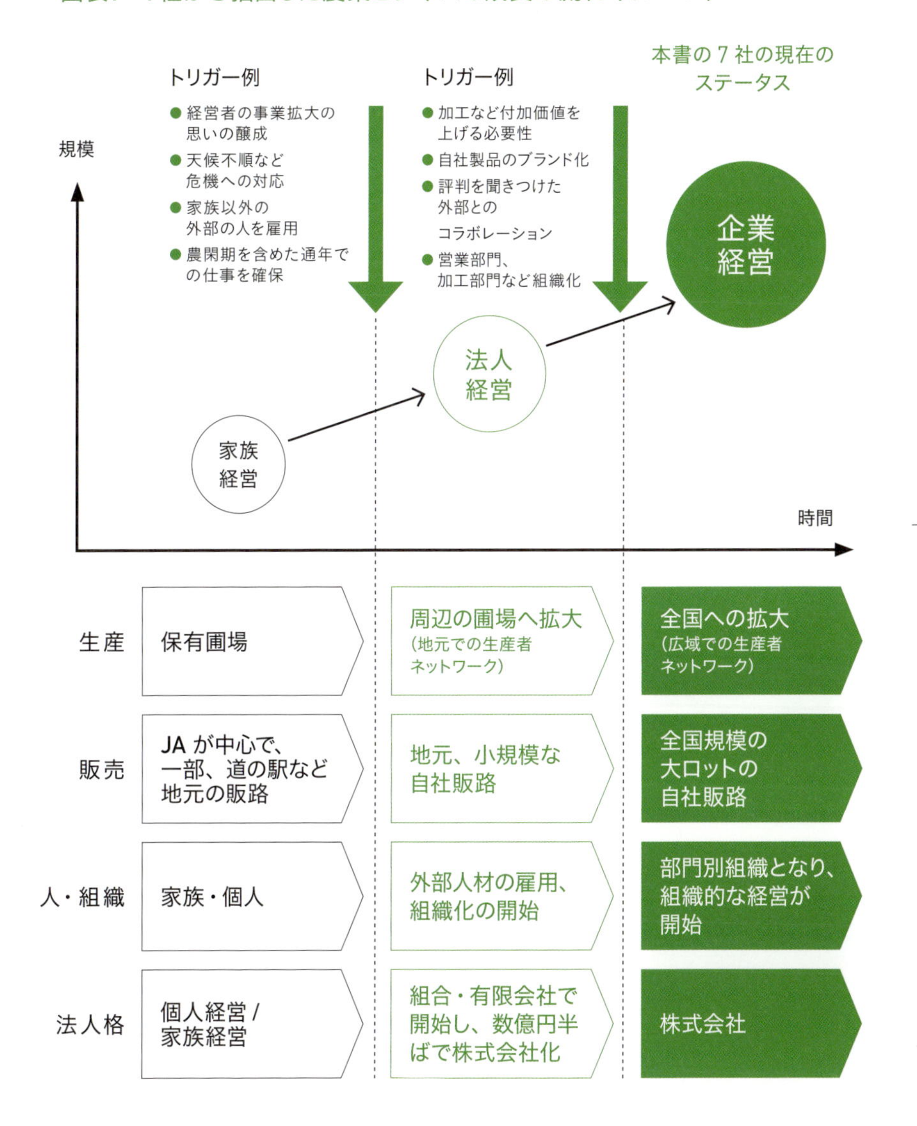

較した場合に、ビジネスフレームワークの15項目それぞれでどのような相違点があり、各項目単位で見た場合にどのような示唆があるのかを明らかにします。

図表2　7社のビジネスサマリー

	品目	販路	収益化のポイント
鈴生	● レタス ● 枝豆	● 外食	● スケールメリット ● 高単価（冬レタスなど）
サラダボウル	● トマト	● 小売	● 高付加価値化 （スプラッシュという品種での差別化） ● 小売との共同での取り組み
舞台ファーム	● コメ ● 野菜全般 ● カット野菜	● B to B	● 生産者ネットワーク ● 利便性の追求 （カット野菜、コメの個パック）
こと京都	● 九条ねぎ ● ねぎの加工品	● 外食	● 生産者ネットワーク ● 利便性の追求（ねぎのカットなど）
六星	● コメ ● 餅加工品	● 卸 ● 百貨店	● 生産者ネットワーク ● 加工品による高付加価値化
早和果樹園	● みかん ● みかんの加工品	● 小売 ● 百貨店	● 生産者ネットワーク ● 加工品による高付加価値化
野菜くらぶ	● 有機野菜全般 ● こんにゃく芋 ● 加工品	● 小売 ● 外食	● 生産者ネットワーク ● 加工品による高付加価値化 ● 利便性の追求（惣菜キットなど）

図表3　品目の決め方

	(1)	(2)
ステップ❶ メインとなる品目の決定	**(1) エリア（所在地）** ・そもそも家業としてやっていた ・所在地がその品目の産地であった	**(2) 市場規模** ・大ロットで出せる品目であること（量が重要） ・事業の柱となるため、規模がないと従業員なども通年で雇えない
ステップ❷ サブとなる品目の決定	**(1) メイン品目とのシナジー** ・カット野菜の構成に寄与する（例．メインがリーフレタス、サブはルッコラ、パクチーなどハーブ系） ・連作障害の解消に資する	**(2) マーケットイン** ・市場で高く売れるニッチなもの ・取引先からの要望があるもの ・量よりも価格を重視する傾向

Ⅰ 戦略

❶ ビジョン

ビジョンを定める意義は、企業規模の拡大に伴い外部人材を受け入れることで直面する「会社としての求心力をいかに保つのか」という課題へ対応することにあります。各社で表現の違いはあれども、「会社・事業の根幹として大切なもの」「競争力の源泉」として位置づけられています。また、社内のみならず、対外的なコミュニケーション・情報発信としても重要視されています。

ビジョンに含まれる7社共通のキーワードは、「安全安心」「おいしさ」「食/食卓」の3つが挙げられます。これらは、「安全安心で、おいしいものを、食卓に届ける」とまとめることができ、まさに、生産者として、何を大切にしていくのか、何が農業者らしいのか、という矜持を表しています。

個人農家から法人（＝組織体）へ移行する過程で多くの従業員を雇用するようになり、一丸となってひとつの方向に向かう扇の要（共通言語、考えの基本）としてビジョンや理念を大切にする傾向があります。鈴生の鈴木社長は「戦略や戦術はいろんなやり方があるが、理念だけは曲げてはいけない」とビジョンの重要性を指摘しています。

また、組織内への浸透の仕方として、こと京都のように人材育成と連動させている場合や早和果樹園のように朝礼でトップが徹底を図る場合、六星のように毎朝の唱和などでは行わず、日々の事業の中で浸透していくやり方を採用している場合もあり、各社手法は異なります。

❷ ターニングポイント

多く挙がった危機は、3.11の震災、天候不順、価格の暴落、の3つです。これは、農業がいかに自然の影響を受ける事業なのかを端的に表しています。また、多くの企業は危機の克服を通じて、新しいビジネスモデルを構築して、ターニングポイントとしています。例えば、鈴生はレタスを助けたいという思いを社員の団結を高める契機とし、現在は100haの農場を営む農場部の礎としました。また、早和果樹園、六星などが加工品に進出したのも、天候不順等による農産物の価格変動や従業員の稼働平準化などに対処することが、理由のひとつでした。

サラダボウル田中社長は、部下から「自分たちが今日のサラダボウル、明日のサラダボウルをつくっていくから、社長には3年後、5年後、10年後のサラダボウルをつくる仕事をしてほしい」と言われ、社長の仕事に集中することと次のステージに向かうことの覚悟ができたとおっしゃっています。実際、農業法人では人材が十分に揃っていないケースが多く、社長が農作業などのプレイヤー業務を行っているケースもあり、サラダボウルの事例は、事業拡大におけるプレイヤー業務ではなく社長業へ集中できる環境の重要性を示しています。

❸ ビジネスモデル

ビジネスモデルの最大の特徴は、「生産者ネットワーク」です（図表2）。

これは事業の拡大や加工業への進出に伴い、自社生産だけでは供給の量と安定性（季節をカバーした産地リレーなど）を担保することが難しくなり、ほかの農業者と連携するという方向性になったためと考えられます。また、商品については利便性がキーワードのひとつとなっています。

品目の選定は、メインとなる品目を決定し、次にサブとなる品目の決定、という順に行います（図表3）。メインとなる品目は、(1) エリア（所在地）と大ロットでの需要があるなど、(2) 市場規模、の2つにより決定します。サブの品目は、(1) メインとなる品目とのシナジー、(2) マーケットインの視点で高く売れるものなども考慮されます。

❹ 成長戦略

重要な戦略として「バリューチェーンの拡張・一気通貫」「人材・組織（仕組み含む）の強化」「ネットワーク・連携強化」の3つが挙げられます。これらは1次産業領域だけでは収益的に成り立たないことに加え、自社の価値観やストーリーを直接消費者まで届けることへのこだわりも背景としてあります。また、6次化を特徴とする早和果樹園やこと京都は商品開発を成長戦略のひとつとして位置づけています。

自社の事業や業務領域の中で特に伸ばすべきところを明確にしていることもひとつの特徴です。例えば、早和果樹園は「みかんの深掘り」ということで機能性商品や種苗の開発による、「みかん」でのナンバーワンを目指しています。

サラダボウル田中社長の指摘されている「大きな失敗をしないために小さな失敗をくり返す」ということも、経験を通じて組織内にノウハウ・経験値を蓄積し組織能力を高めることの重要性を述べています。

（参考）ブレークスルーの手法（仮に売上500億円を目指すとしたら）

今後の成長戦略を考えるうえで、これまでの延長線上ではないビジネス領域を狙うことも重要となります。各社長のブレークスルーは示唆に富んでいますので、以下、紹介します。

- 「食卓イノベーション*」（舞台ファーム）
- 「種苗から関わり、野菜を育て、加工して消費者に届けるまでのストーリーを一気通貫させること」「世界でフランチャイズ化」（鈴生）
- 「誰もできないような特別なことで奇をてらうのではなく、目の前の課題を改善するとか、誰でもできるような当たり前のことを、誰もまねできないほどきちんとやり続けること」（サラダボウル）
- 「農業生産をやめて、加工や流通に特化したほうが、500億円到達は

* おいしいご飯、おいしいおかず、おいしい飲み物を三位一体で考え、さらに体にいいものを健康・長寿の切り口で提案し、食卓全体をカバーするサプライチェーンの構築。

早い」(野菜くらぶ)

- 「一般的な産業であればM&Aしかない。でも農業は地域がついてまわるため、M&Aは容易ではなく、地域の農家の方々をサポートしてグループとして売上拡大することが現実的」(六星)
- 「京都と磐田の東西に加工拠点ができれば、白ねぎを含めた全国展開が進められる。そうなれば、ねぎの仕組みを他品目にも展開できる」(こと京都)
- 「みかんを軸とした商品づくりで広げていく。機能性を生かした食品だけでなく、化粧品やシャンプー、洗剤なども可能性があり、それぞれの分野で強みを持つ企業と組むOEMも選択肢のひとつ」(早和果樹園)

Ⅱ バリューチェーン

❺ バリューチェーンと商品

7社のバリューチェーンは大きく、1次産業領域で大規模×高付加価値で差別化しているタイプ(1)(サラダボウル、鈴生)と、2～3次産業領域で付加価値を創出しているタイプ(2)(舞台ファーム、六星など)に分類されます(図表4)。

1次産業領域を中心に展開するタイプ(1)の2社に共通しているのは、大規模に生産し、コスト優位性を出しながら、糖度の高いトマト(サラダボウル)や品薄な時期に出す冬レタス(鈴生)で差別化して、収益をあげている点です。高く売れるものをスケールメリットを生かしながらつくるビジネスモデルとなっています。

一方、タイプ(2)の2～3次産業領域で付加価値を出している企業にとっては「品目が加工に適していること」かつ「加工品に市場性があること」の2つが重要な成功要因となります。

図表4　7社が採用しているバリューチェーンの2つのタイプ

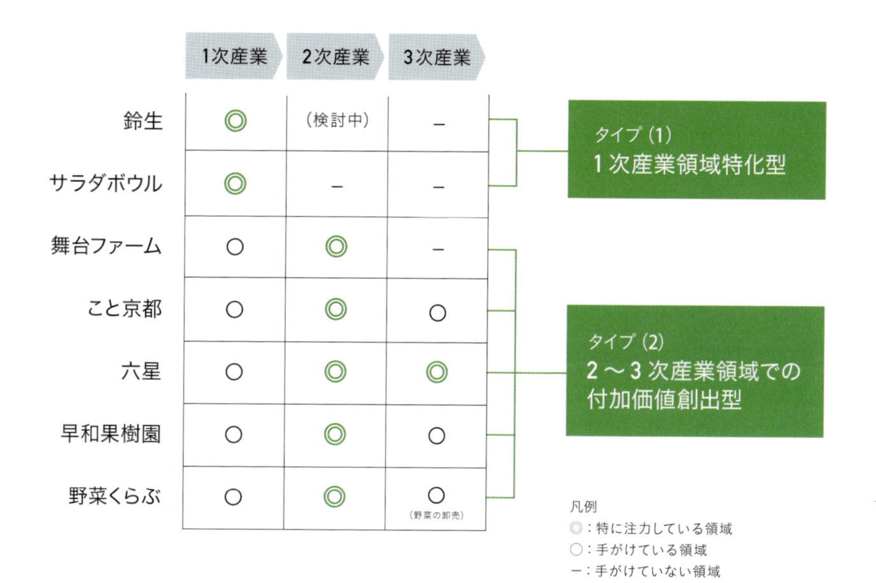

	1次産業	2次産業	3次産業	
鈴生	◎	（検討中）	–	タイプ (1) 1次産業領域特化型
サラダボウル	◎	–	–	
舞台ファーム	○	◎	–	タイプ (2) 2～3次産業領域での付加価値創出型
こと京都	○	◎	○	
六星	○	◎	◎	
早和果樹園	○	◎	○	
野菜くらぶ	○	◎	○（野菜の卸売）	

例えば、野菜くらぶはこんにゃくのためのこんにゃく芋を、他参入者が多くない段階で手がけ、こんにゃく芋を多様なこんにゃく製品に加工して市場を獲得しています。また、早和果樹園はみかんでつくれるものは全部つくるという戦略に基づき、ジュースからみかんうどんまで多岐にわたる商品開発を行っています。

こと京都は単価を上げるための「ブランド化」やキロ単価（重量単価）からの脱却を目指した「1メニュー・1単価」の挑戦も検討しており、2次産業領域まで手がけているからこそできる戦略です。

ほかにも1次産業領域では低マージンですが、2次産業領域まで手がけることにより収益を拡大し、「農家がつくった◯◯」という戦略で食品メーカーなどと差別化している事例もあります。

商品化については、「いかに農業生産者らしいものをつくるのか」「安売りではなく付加価値を上げることができるのか」が各社共通して追い求めていることです。六星の軽部社長は「スーパーではないのでただ品揃えしても意味がなく、農家らしい商品は何かというのが非常に難しい」、舞台ファームの針生社長の「デザインなど目先の差別化ではなく商品自体の価値を高めることの重要性」など、農業者がつくるべき商品の方向性について示唆をあたえています。

❻ 生産

各社の生産の取り組みの根底には、「いかに安定的、かつ計画的に生産物を確保するのか」があります。例えば、いかに農地を確保するか、いかに耕作者の権利を守るかが挙がっています。また、物流の効率化や産地間の補完性（産地リレーの形成）などエリア戦略の重要性を野菜くらぶは指摘しています。こと京都のように生産者ネットワークを事業の中核に据えている場合は、いかに生産者に計画を順守してもらうのかが重要となるため、計画を守った場合には高単価で買い取るインセンティブを設けています。

❼ 販売

販路の考え方は千差万別ですが、「価格だけを求めてくる相手とは取引しない」「理念の共有ができる」というのは共通の要件となっています。これはサラダボウルの田中社長が指摘している「取引から取り組みへ」という取引先と一緒に価値を創造していくことを重視している農業法人にとって、思いの共有ができない相手や安い価格だけを求めてくる相手に販売することは事業として成立しないためです。

また、こと京都、六星、早和果樹園は展示会を活用した情報収集、発信を行い、より一層消費者ニーズの取り込みと販路との密なコミュニケーションを図っています。

❽ 物流／設備

物流機能の内製化を検討しているのは鈴生と舞台ファームの2社のみで、他社は外部の業者を活用する方針です。内製化を検討している2社はドライバーの確保や業者のコスト高など物流における課題に直面しており、それらを内製化して解消しようという取り組みです。

内製化しない多くの農業法人の考えは、まずは自分たちでできる範囲を確実にやっていくのが良い、借りたほうがコストは安い、自分たちは運ぶプロではない、という考えが根底にあります。一方、加工施設や搾汁倉庫など自社の競争力の源泉となっている領域には投資を積極的に行い、自社設備として保有しています。

❾ パートナー

パートナーの要件としては、「理念の共有」「自社事業との補完性」が挙げられています。パートナーと組む背景としてサラダボウルの、農業の課題が農業だけでは解決できないという指摘も自社との補完性のひとつとして捉えられます。また、舞台ファームの業界ナンバーワンと組む理由として、ナンバーワンになるにはそれなりの理由があり、そこから学ぶことが多いというのは示唆に富んだ指摘です。

❿ グローバル

グローバル戦略は、肯定的な法人と国内重視の法人に大別されます。ただし、国内重視の法人も安易なグローバル化には否定的ですが、海外マーケットに狙いを定めた商品をつくって売るなら売れる（鈴生）、他社と組むことがカギ（舞台ファーム）、一零細企業では難しいが、JAのネットワークを活用できれば可能性がある（六星）、など諸条件をクリアできれば、グローバル化の取り組みの可能性はあります。

現状は各社個別の取り組みであり、自社のリソースだけではやりきれない、規模が大きくならない、などの課題が浮き彫りになっています。

Ⅲ 管理／人・組織

⑪ KPI

売上高、各種利益（率含む）などPLの指標を各社重視しています。それらに加えて、その前段階の各業務で押さえるべき指標や安全性指標、キャッシュフローも下記のような例として注視して経営しています。

（共通）

- 売上高
- 各種利益（率含む）※六星は売上には数値的な目標値は設定していない

（個別）

〈サラダボウル〉

- 売上＝単価×収量（単価は固定なので収量を上げる）
- 収量＝秀品率×作付面積

〈鈴生〉

- 各出荷場ベースで一人当たりの生産高700万円／年

〈舞台ファーム〉

- フランチャイズ方式で売上高1億円／農業法人×100社（将来）

〈こと京都〉

- こと京都（営業利益率10％：利益率重視）＋こと日本（営業利益率2～3％：ボリューム重視）の組み合わせ
- 九条ねぎのシェア30％

〈六星〉

- （生産から販売までの期間が長いため）キャッシュフロー
- （補助金など事業外収益ではなく）本業の事業収益

〈野菜くらぶ〉

- 自己資本比率30％

〈早和果樹園〉

- 新商品投入数 3件／年

⑫ 資金調達

資金調達先は各社さまざまですが、日本政策金融公庫は農業系であり利用しやすいため7社でも使用している割合は高いと言えます。設備投資など長期資金と短期の運転資金を分けて考え、調達先を変えているケースもあります（六星など）。ユニークな調達方法としては、持株（野菜くらぶ）や社債（早和果樹園）があります。また、資金調達には担保だけでなくビジネスモデル、ビジョン、人となりが反映されるようになっているケースもあります（舞台ファームなど）。

補助金については、多くの経営者が補助金ありきの事業には警鐘を鳴らしています。単なる補填的な機能の補助金ではなく、産業支援的な機能、成功報酬型、投資型など自社の事業や産業の発展に寄与するタイプの補助金へのニーズが高くなっています。

六星の軽部社長の「大きな設備投資は補助金を活用し、小さい場合は手間も考えて自前での調達」という意見もあります。

⑬ 法人格

株式会社化は、信用力、規模の拡大、他人資本の活用、個人だけでなく従業員も含めた幸せの実現などを求めるのであれば有効です。逆に、自己資金だけで経営していく場合（鈴生）や地域や集落を守るためだけに法人化を目指す場合（こと京都）などは法人化のメリットはないという意見もあります。

早和果樹園の秋竹社長が指摘しているように「節税効果を期待して

も、経理費用などで相殺され、メリットは小さいが、計画を立てて組織的農業を行うようになったことは大きなメリット」です。

経営の基本ですが、「法人化して何を行うのか」「やりたい事を実現する手段として最適な組織形態は何か」という視点が重要となります。

⑭人材

農業で求められる人材要件は、下記のように、他産業として比較しても特別異なるものは挙がっていません。

- 「どの組織でも活躍する人は共通している……（サラダボウル）」
- 「こういう人が向いているというのはなく、どう取り組むかがポイント（こと京都）」
- 「大卒・短大卒（六星）」
- 「安定より伸びたい人（早和果樹園）」

むしろ、採用した人をどのように育て、働きやすい環境を提供し、定着させていくのかがポイントとなっています。例えば、フェアな環境、将来性など内面的な要素の充実（サラダボウル）、シフト制、週1の休み、社内リクリエーションなど働き方の改善（鈴生）、個人評価面談（こと京都、六星など）、職場内託児所の設立（野菜くらぶ）などからも、各社が従業員の定着、戦力化に取り組んでいることがうかがえます。

⑮IT / レギュレーション

ITについては、イノベーションを起こすためのひとつのツール（サラダボウル）、ICT・AI・ドローンなど今後伸びていく分野（全社）、という認識があります。ただし、農業者がICTを全く理解できていないのが現状（舞台ファーム）、生産者自体がITでどんなことができるのかがわかっていない（早和果樹園）、という指摘からも、活用する農業者のITリテラシーの向上が課題となっていることがうかがえます。

レギュレーションは、JGAP、GLOBAL G.A.P.、有機JAS、HACCPなど各社、多様な認証を取得しています。一方で、基準が乱立しており統一されたら楽（鈴生）という指摘からも、今後、統合も含めてどのように認証基準を整理していくのかが課題のひとつと言えます。

また、認証取得は手間がかかる取り組みとなりますが、鈴生では認証取得を通じて、グループ内で最低限守るルールとして位置づけ、マニュアル的に活用することで鈴生グループとして生産物の品質を均質化するために活用しています。

おわりに

農業のビジネス化が始まった原因は、まさに「経営のプロが出現したこと」だったと言えます。農業における経営者の時代が来たのではないでしょうか。

また、経営者の熱き思いに加えて「タイミングを逃さない」「前例にとらわれず柔軟に実践する」ことも重要です。

こと京都の山田社長は、九条ねぎのケースではと前置きしたうえで「今がタイミング。勝負時」と言っています。今や大企業も数多く参入してきており、競合より先に取り組まないと市場を取られてしまうという危機感の表れです。

六星の軽部社長は、「世の中の変化にどれだけ柔軟に対応できるのか」をポイントとして挙げています。これは、農業者の中では、まだまだ昔の考え方が大勢を占めていますが、消費者のニーズや国の政策など世の中は絶えず動いており、こういった変化に対して、嗅覚を鋭くし、柔軟に対応することが重要ということになります。

まさに、農業ビジネスは「柔軟な視点で、変革期である今始めること」が重要ということを示しています。

Ⅰ 戦略

❶ ビジョン

- 安全安心、おいしさ、食／食卓の3つがキーコンセプト
  →「安全安心で、おいしいものを、食卓に届ける」
- 会社・事業の根幹として大切なものとして位置づけ、競争力の源泉として定義できる

❷ ターニングポイント

- 3.11の震災
- 天候不順
- 価格の暴落
  →農業がいかに自然の影響を受ける事業なのかを端的に反映

❸ ビジネスモデル

- 最大の特徴は、生産者ネットワーク

❹ 成長戦略

- バリューチェーンの拡張
- 人材・組織（仕組み含む）の強化
- 生産者ネットワーク・連携の強化

Ⅲ 管理／人・組織

⓫ KPI

- 売上高、各種利益（率含む）など PL の指標を各社重視
- 先行指標や安全性指標、キャッシュフローも注視して経営

⓬ 資金調達

- 日本政策金融公庫は農業系であり、使いやすいため割合は高い
- 設備投資など長期資金と短期の運転資金を分けて考え、調達先を変えているケースもあり

⓭ 法人格

- 株式会社化は、信用力、規模の拡大、他人資本の活用、個人だけでなく従業員も含めた幸せの実現、などを求めるのであれば有効

Ⅱ バリューチェーン

❺ バリューチェーンと商品

- タイプ①：1次産業領域で大規模×高付加価値で差別化しているケース
- タイプ②：2～3次産業領域で付加価値を創出しているケース
- 商品化：いかに農業生産者らしいものをつくるのか、安売りではなく付加価値を上げることができるのか、が共通して追い求めていること

❻ 生産

- 農地に関わることが課題（農地の確保、耕作者の権利が守られること等）

❼ 販売

- 価格だけを求めてくる相手とは取引しない
- 理念の共有

❾ パートナー

- 理念の共有
- 自社との補完性

❽ 物流／設備

- 大多数は外部の業者を活用する方針
- 加工施設や搾汁倉庫など自社の競争力の源泉の領域は投資を積極的に行い、自社設備として保有

❿ グローバル

- 肯定的な法人と国内重視な法人に大別され、国内の方を重視する傾向

⓮ 人材

- 農業で求められる人材要件は、取り立てて特別なものは少ない
- 採用した人をどのように育て、働きやすい環境を提供し、定着させていくのかがポイント

⓯ IT／レギュレーション

- ITはイノベーションを起こすためのひとつのツールであり、今後伸びていく分野というのが共通認識
→農業者がICTを全く理解できていないのが現状であり、活用する農業者のITリテラシーの向上が課題
- レギュレーションは、JGAP、GLOBAL G.A.P. HACCPなど各社、多様な認証を取得
→統合も含めてどのように認証を整理していくのかが課題のひとつ

あとがき

消費者の安心・安全意識の向上を受けて、農業に対する世間の関心はこれまでになく高まっています。また、政府の方針としても農業を成長産業のひとつとして位置付けた中で、さまざまな改革が始まろうとしています。今後、農業法人とそれを牽引する農業経営者の重要性は高まっていくものと考えられます。

本書は、日本を代表する農業法人7社の経営者の方々にご登場いただき、「農業をどのようにビジネスとして成立させてきたのか。その要諦は何であったのか」を本音ベースで語っていただいたものです。本書を通して、各社のビジネスモデルや戦略のポイントをおわかりいただけたかと思いますが、どの企業にも苦しい時期があり、それを努力と工夫で乗り越え、地域に根差した各社独自の農業ビジネスへと進化させています。ご紹介した農業ビジネスの取り組みが読者の皆さまの気づきとなったのであれば、筆者にとってこの上ない喜びです。

このたび、取材にご協力いただいた全国7社の農業法人の経営者の皆さまにおかれましては貴重なインタビューの機会を頂戴しました。また、限られた時間の中で原稿に目をとおしていただき数多くの示唆をいただけましたことを、この場を借りてあらためてお礼申し上げます。

株式会社 鈴生

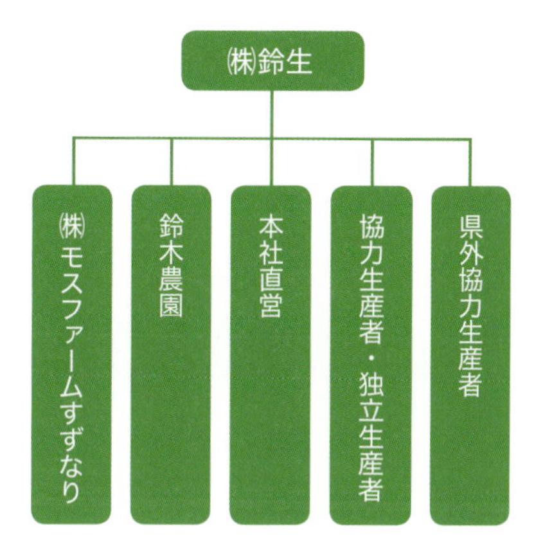

社名	株式会社 鈴生
代表者名	鈴木 貴博
住所	静岡県静岡市葵区下 1108-8
電話番号	054-206-1203
設立年	2008 年
資本金	300 万円
売上高	639 百万円（2016 年 8 月期単体）
従業員数	13 名（グループ全体 49 名）役員 5 名（全体に含まず）
事業内容	■野菜および果実の生産 ■農作物の販売および加工品製造販売 ■農作業の委託・請負 ■農作物および加工品の包装作業の受託 ■肥料の製造販売 ■農業用資材の販売 ■農業関係コンサルタント ■上記に付帯関連する一切の事業
ウェブサイト	http://oretachinohatake.com/

株式会社 サラダボウル

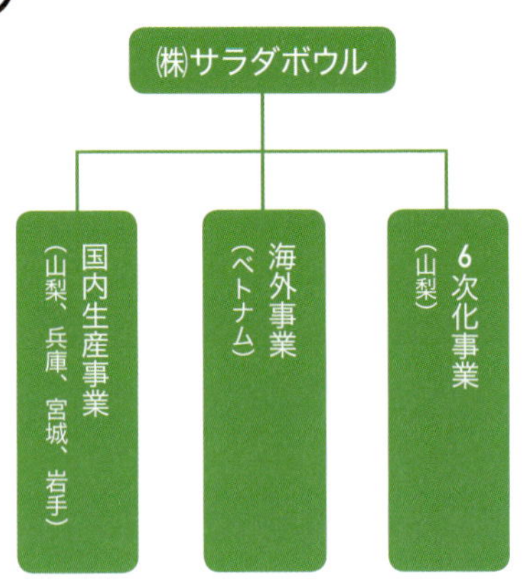

社名	株式会社 サラダボウル
代表者名	田中 進
住所	山梨県中央市西花輪 3684-3
電話番号	055-273-2688
設立年	2004 年
資本金	6000 万円（資本準備金含む）
売上高	1500 百万円（2017年見込み）
従業員数	グループ全体約 300 名
事業内容	■ 農産物の生産・販売 ■ 農産物の加工 ■ 農業経営コンサルティング ■ 人材育成事業
ウェブサイト	http://www.salad-bowl.jp/

株式会社 舞台ファーム

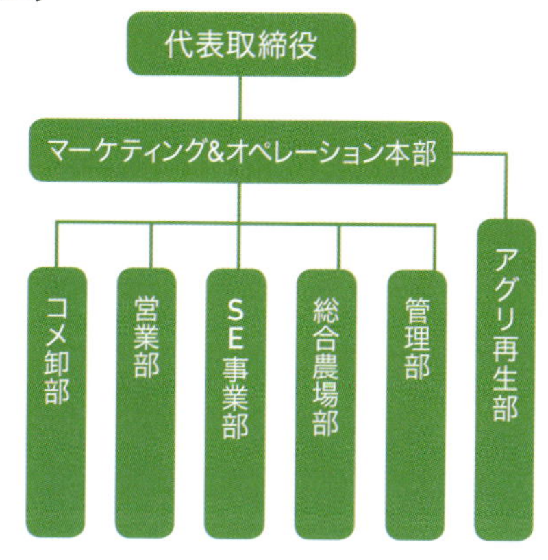

社名	株式会社 舞台ファーム
代表者名	針生 信夫
住所	宮城県仙台市若林区日辺字田中 11
電話番号	022-289-6768
設立年	2004 年
資本金	5000 万円
売上高	2242 百万円（2016 年 6 月期 単体）
従業員数	50 名（グループ全体 250 名）
事業内容	■ 野菜・コメの生産・販売 ■ 農産物加工・販売（カット野菜／ホール野菜） ■ 農業経営に関する実践型コンサルティング
ウェブサイト	http://butaifarm.com/

こと京都 株式会社

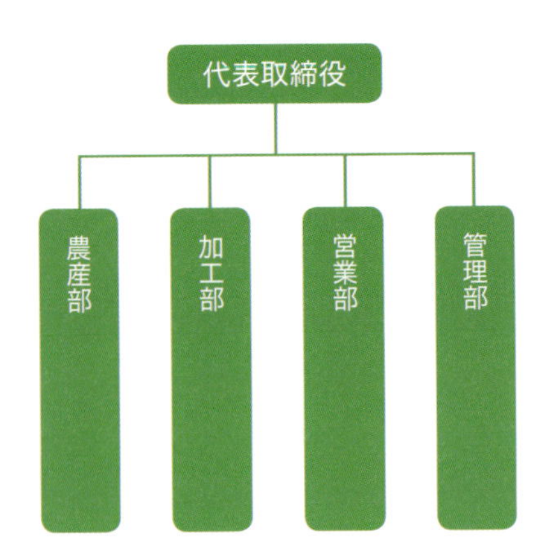

社名	こと京都 株式会社
代表者名	山田 敏之
住所	京都府京都市伏見区横大路下三栖里ノ内 30
電話番号	075-601-0668
設立年	2002 年
資本金	2100 万円
売上高	1160 百万円（2016 年 12 月期 単体）
従業員数	グループ全体 142 名（社員 39 名、パート 90 名、研修生 13 名）
事業内容	■ 九条ねぎの生産・加工・販売 ■ 採卵養鶏 、卵、京野菜の卸販売・通販事業
ウェブサイト	http://kotokyoto.co.jp/

株式会社 六星

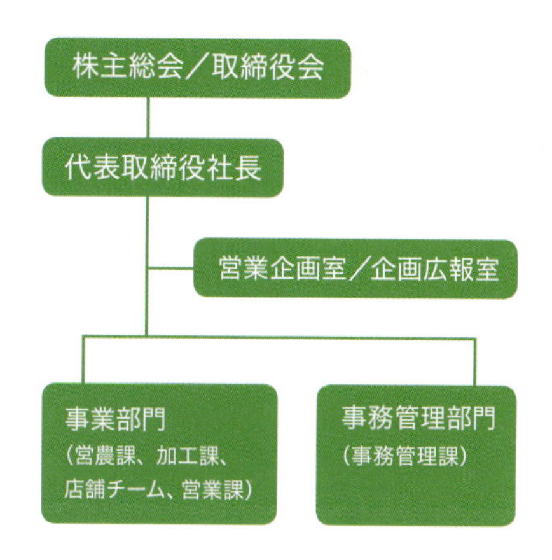

社名	株式会社 六星
代表者名	輕部 英俊
住所	石川県白山市橋爪町 104
電話番号	076-276-5266
設立年	2007 年
資本金	2430 万円
売上高	1120 百万円（2016 年 3 月期 単体）
従業員数	社員 36 名、パート・アルバイト 81 名
事業内容	■ 農産物の生産、加工（餅・和菓子・惣菜）、販売（卸・通販）、直売店（物販・レストラン）
ウェブサイト	http://www.rokusei.net/

株式会社 早和果樹園

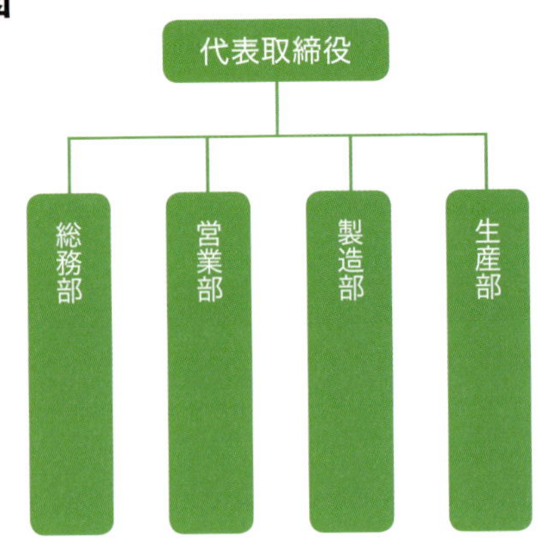

社名	株式会社 早和果樹園
代表者名	秋竹 新吾
住所	和歌山県有田市宮原町東 349-2
電話番号	0737-88-7279
設立年	2000 年
資本金	8502 万円
売上高	781 百万円（2016 年 6 月期 単体）
従業員数	グループ全体 64 名 ※常勤パート含む
事業内容	■ みかんの生産・共同撰果・農産加工・出荷販売など
ウェブサイト	http://sowakajuen.com

株式会社 野菜くらぶ

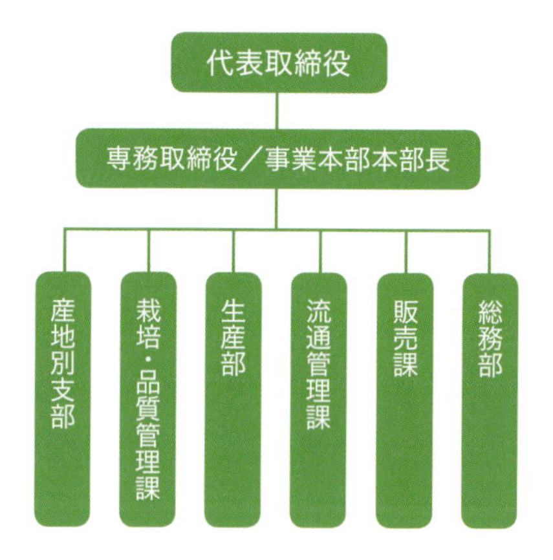

社名	株式会社 野菜くらぶ
代表者名	澤浦 彰治
住所	群馬県利根郡昭和村赤城原 844-15
電話番号	0278-24-7788
設立年	2002 年
資本金	5420 万円
売上高	2100 百万円（2017 年 1 月期） 3400 百万円（2017 年グループ連結）
従業員数	社員 11 名、パート・アルバイト 22 名（単体） 社員 41 名、パートアルバイト 159 名（グループ連結）
事業内容	■農産物の販売 ■産地開発 ■農業技術の開発 ■交流事業 ■分析業務 ■農業機械のレンタル ■肥料などの開発 ■販売・栽培管理システムの開発管理 ■独立支援プログラム運営
ウェブサイト	http://www.yasaiclub.co.jp/

関連年表

年代	1970年〜	2000年〜

農業関連
- 70 農地法改正（経営規模拡大を推進）
- 86 ガット・ウルグアイラウンド交渉開始（〜94）
- 93 冷夏によるコメ不足（平成米騒動）
- 95 食糧法の施行に伴い食糧管理法が廃止
- 00 農地法改正（09、15にも再度改正）

鈴生
- 97 鈴木農園レタスの契約栽培開始
- 08 株式会社鈴生設立
- 09 JGAP認証取得
- 09 有機JAS認証取得

サラダボウル
- 04 株式会社サラダボウル設立
- 05 NPO法人「農業の学校」を設立

舞台ファーム
- 82 江戸時代から続く農家の15代目として農業をスタート
- 88 6次産業化に着手
- 03 有限会社舞台ファーム設立
- 04 株式会社舞台ファームへ変更
- 09 本社工場竣工 加熱用カット野菜事業を拡大

こと京都
- 95 就農（実家の農業） 売上目標1億円
- 97 九条ねぎに絞り込み 周年栽培開始
- 00 カットねぎ開始
- 02 有限会社竹田の子守唄設立
- 07 こと京都株式会社に社名変更
- 09 生産者団体「ことねぎ会」発足

六星
- 77 中奥六星生産組合としてレタスの生産を開始
- 79 「農事組合法人六星生産組合」と名称変更
- 82 農産加工製造販売の取り組み開始※2
- 89 「有限会社六星生産組合」に変更
- 02 無農薬・無化学肥料栽培米生産を開始
- 05 和菓子製造販売開始
- 07 株式会社六星を設立

早和果樹園
- 79 7戸のみかん専業農家で、早和共撰を創業
- 80 ハウスみかんに取り組む、経営に安定感
- 00 有限会社早和果樹園を設立
- 04 加工事業初めての商品「味一しぼり」発売
- 05 株式会社早和果樹園を設立

野菜くらぶ
- 90 手作りでこんにゃく加工を始める
- 92 有機野菜生産グループ「昭和野菜くらぶ」創業
- 96 有限会社野菜くらぶを設立
- 02 有限会社から株式会社に組織変更
- 06 株式会社サングレイス設立
- 09 グリンリーフとブロッコリーの冷凍野菜に取り組む

※1 アイリスオーヤマ社との共同事業　※2「かきもち」の販売開始

2010年〜

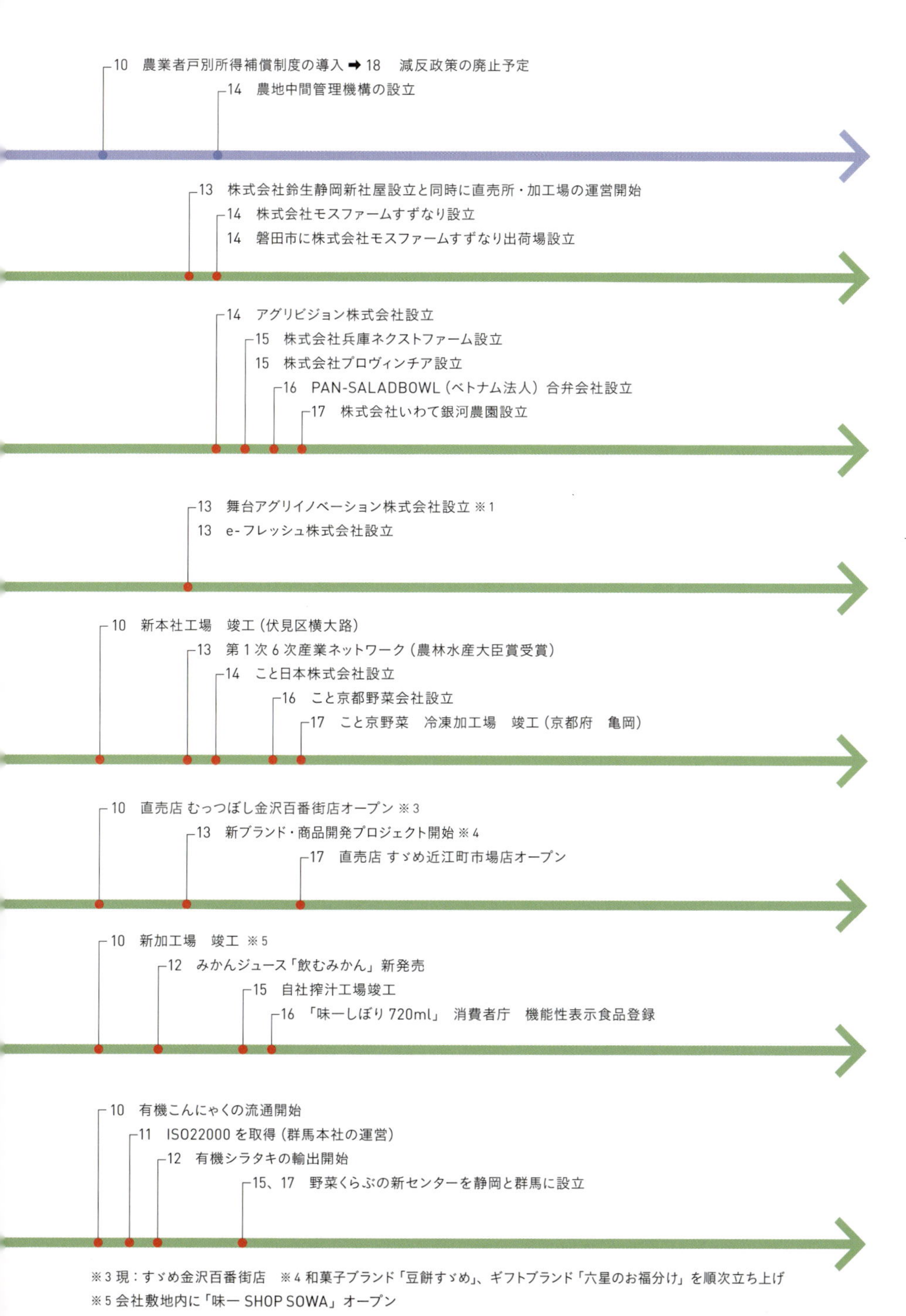

※3 現：すゞめ金沢百番街店　※4 和菓子ブランド「豆餅すゞめ」、ギフトブランド「六星のお福分け」を順次立ち上げ
※5 会社敷地内に「味一 SHOP SOWA」オープン

有限責任監査法人トーマツ・農林水産業ビジネス推進室

【有限責任監査法人トーマツ】
有限責任監査法人トーマツは日本におけるデロイト トウシュ トーマツ リミテッドのメンバーファームの一員であり、監査、マネジメントコンサルティング、株式公開支援、ファイナンシャルアドバイザリーサービス等を提供する日本で最大級の会計事務所のひとつ。国内約40都市に約3,200名の公認会計士を含む約5,900名の専門家を擁し、大規模多国籍企業や主要な日本企業をクライアントとしている。

【農林水産業ビジネス推進室】
農林水産業ビジネス推進室は同法人の農業ビジネス専門家に加え、農業法人などの農業者、小売、外食、食品メーカー、金融機関、公官庁、大学ほか専門機関など外部組織と連携し、日本農業の強化・成長を実現するための新しい事業モデルの構築を推進している。

（執筆）稲川敦之　大和田悠一　一柳 亮

新たな農業経営を拓いた7人のプロフェッショナル

アグリビジネス進化論

2017年 4月27日 第1刷発行
2021年 10月26日 第4刷発行

著者	有限責任監査法人トーマツ・農林水産業ビジネス推進室
発行者	長坂嘉昭
発行所	株式会社プレジデント社 〒102-8641 東京都千代田区平河町 2-16-1 平河町森タワー 13階 編集 (03) 3237-3722　販売 (03) 3237-3731 http://www.president.co.jp/
編集	オンライン編集部　伊藤 晋
編集協力	前田はるみ
販売	桂木栄一　高橋 徹　川井田美景　森田 巌 末吉秀樹
制作	関 結香
撮影	尾崎三朗
装丁	草薙伸行 ● Planet Plan Design Works
DTP	蛭田典子　村田 亘 ● Planet Plan Design Works
印刷・製本	凸版印刷株式会社

ISBN 978-4-8334-5117-8
Printed in Japan

※本書は株式会社プレジデント社のウェブサイト「PRESIDENT Online」にて2016年8月より連載された記事『農業生産法人が挑むビジネス化と成長戦略』の内容に、加筆、修正を加えたものです。